꿈꾸는 배낭

멕시코에서 쿠바까지

중미 3국 여행 이동 지도
멕시코 + 과테말라 + 쿠바

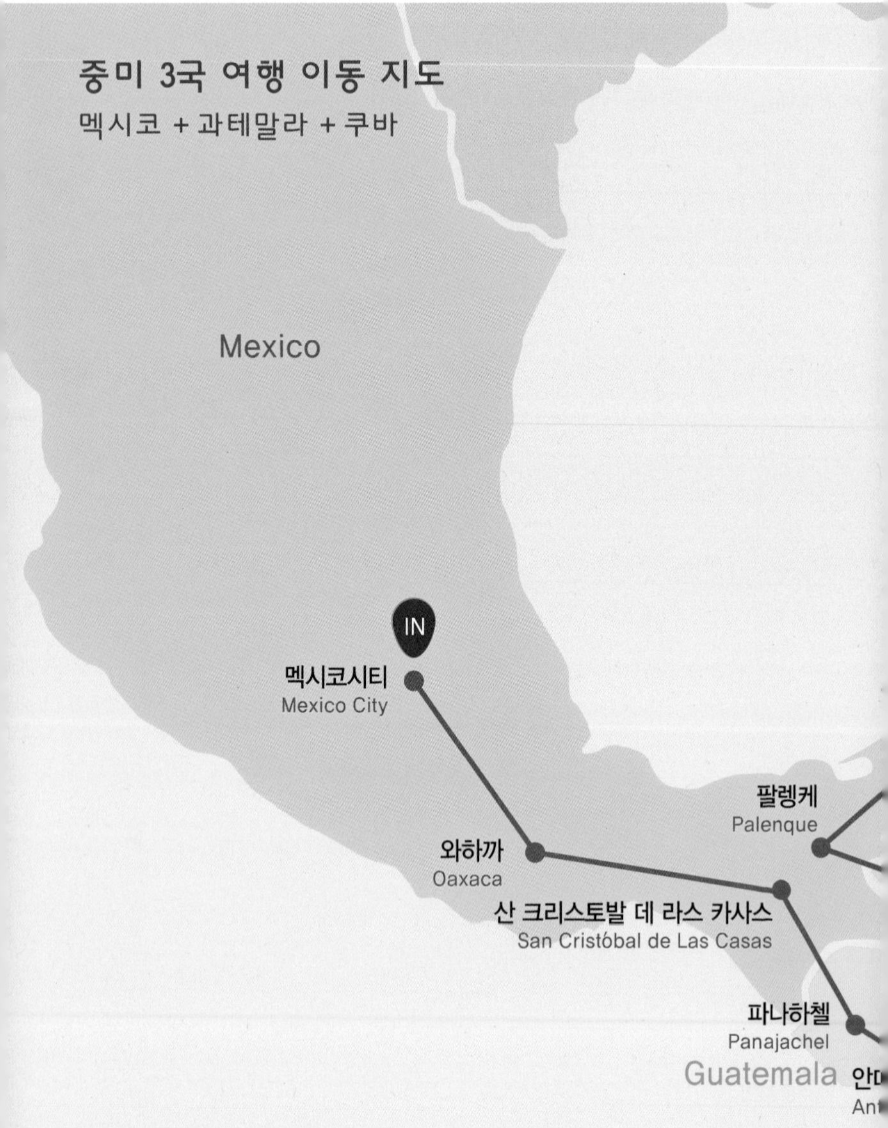

Mexico

IN
멕시코시티
Mexico City

와하까
Oaxaca

산 크리스토발 데 라스 카사스
San Cristóbal de Las Casas

팔렝케
Palenque

파나하첼
Panajachel

Guatemala 안티
Ant

Bahamas

바라데로
Varadero

OUT

비날레스
Vinales

아바나
Havana

산타 클라라
Santa Clara

칸쿤
Cacun

치첸이트사
Chichen Itza

트리니닷
Trinidad

Cuba

Belize

Honduras

Nicaragua

육로 이동 ••••• 항공 이동

여행의 끝이 있을까
삶이 끝나야 여행도 끝나는 게 아닐까
그러므로 삶이 계속되는 한
여행도 계속되는 것이다

마음 한편에 고즈넉한 방 하나를 들여놓고 싶을 때
우리는 여행을 간다
정해진
또는 알맞은 여행의 방식이 있을까

바람은 우리를 어디로 데려가는 것일까
빈 들판
텅 비어 있는 호수
끝없이 이어지는 길

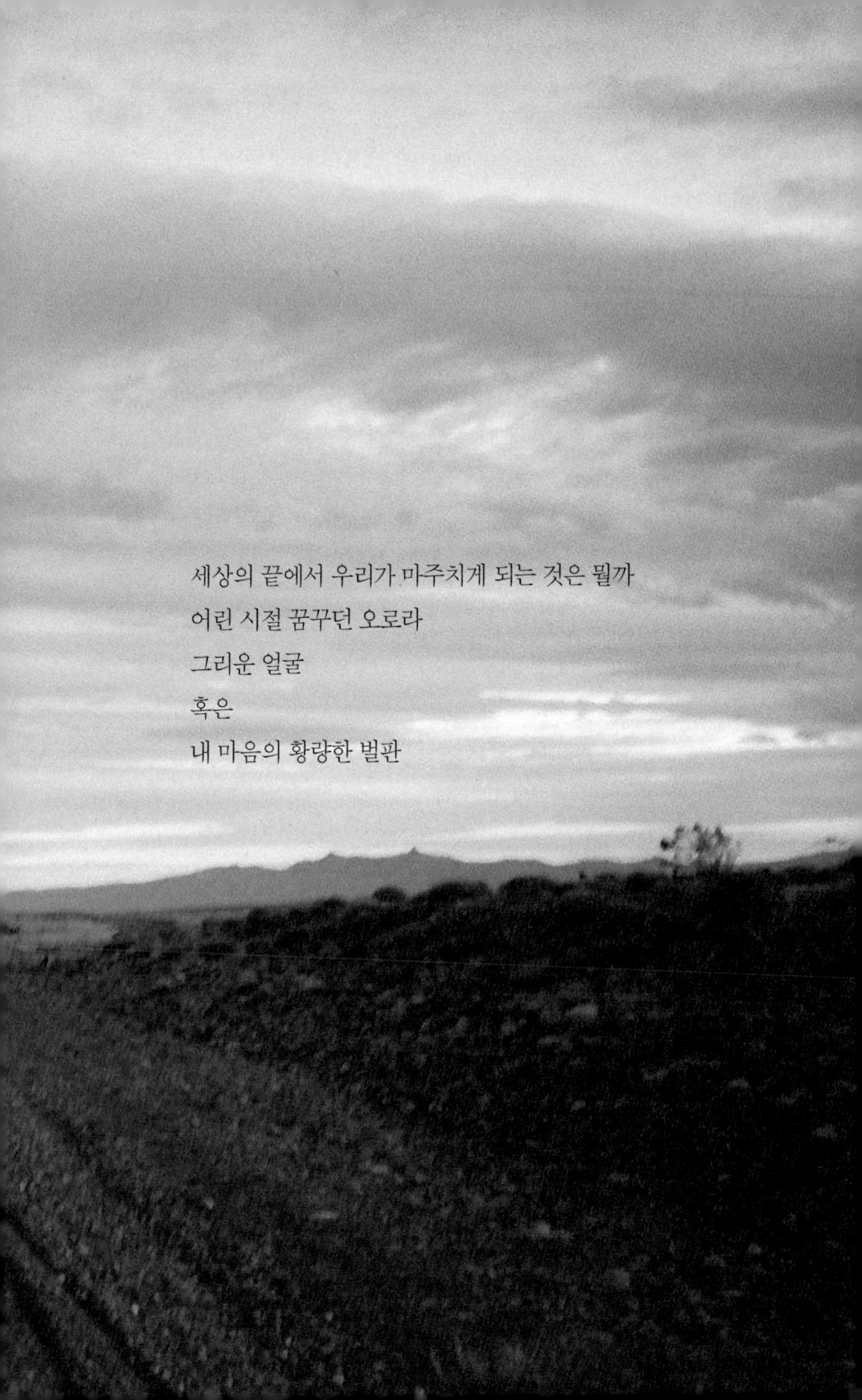

세상의 끝에서 우리가 마주치게 되는 것은 뭘까
어린 시절 꿈꾸던 오로라
그리운 얼굴
혹은
내 마음의 황량한 벌판

셀 수 없는 불빛만큼 셀 수 없이 많은 얼굴들과
그들의 반짝이는 삶을 생각한다
눈물이 모여 아름다운 별빛이 된 마음 마음들

기괴한 꿈에 갇혀 늘 어디론가 달아나려고 하는 것일까
달아나면서도 뒤는 돌아보아야 하는 걸까
꿈조차 묻어버릴 것 같은 해안에 도착하여
날이 밝기를 기다려
타박타박 앞서서 걸어가는 체념의 신발을
움켜쥐어야 하는 걸까

햇볕이 따스한 마을에 도착하여 나를
기다려 준 의자에 앉아 바다 깊은 곳에
잠든 꿈을 꾸고 싶다

양팔을 활짝 펼치고 길을 찾아 나선다
낯선 거리에서 아무도 돌아보지 않는
소리 없는 외침 외침들
알맞은 여행의 방식은 어디에도 없다
바람 속으로 과감하게 달려드는 것 외에는
허공에 몸을 날려 휩쓸리는 것 외에는

멕시코시티에서 쩔쩔매다

여행이 늘 현재진행형이기를 꿈꾸던 때가 있었는데 그건 결국 집시의 고달픈 삶이 아닌가. 아직도 집시의 떠돌이 삶을 꿈꾸고 있으니, 이는 세상사에서 두어 발짝 떨어져 있고 싶은 건지도 모르겠다.

지구상에 매력적이지 않은 나라가 어디 있겠는가. 태평양 바다 건너 멀리 떨어진 멕시코는 거리가 먼 만큼 궁금증도 더하여 늘 꿈꾸던 나라 중 하나였다.

멕시코시티로 가는 비행기를 탔을 때 제일 먼저 떠오른 생각은 1990년대에 나온 영화 로버트 로드리게즈 감독의 〈황혼에서 새벽까지〉였다. 조지 클루니와 쿠엔틴 타란티노가 형제로 나와 흥미를 끌었던 뱀파이어 영화였는데, 맨 마지막 장면에 불타는 술집 전체 모습이 마야 유적으로 되어 있어 그 유적에 대해 강렬한 인상을 남겼고, 멕시코 문명에 대한 매력을 유발한 것도 사실이었다.

멕시코시티의 인구가 2천만이 넘는다고 하니, 그 많은 인구가 한데 모여 살아가려면 도시가 얼마나 커야 할까?

중심가에 숙소를 잡고 거리에 나서니 백인은 거의 보이지 않고 대부분이 유럽인과 아메리카 인디언 사이의 혼혈인 메스티소다. 남자들도 그렇지만 특히 여자들은 키가 땅딸막하고 목이 짧다. 엉덩이는 아주 크고, 다리는 가늘어 보인다. 어딘가 균형이 맞지 않는다. 유전적인 이유도 있겠지만 섭생의 문제와 운동 부족이 아니겠는가. 지방이 많은 음식에 콜라를 물처럼 마셔 댄다고 하니 당연한 일 아닌가. 그네들 말로는 사탕수수로 콜라를 만들기 때문에 비만 문제와 관계없다고 하지만, 국민의 비만이 국가 주요 문제로 떠오를 만도 하다.

8차선 넓은 도로에도 자동차가 넘쳐나고, 자연 대기오염 문제도 심각했다. 도시는 거대하고, 건물도 거대하고, 차도도 인도도 넓고, 그런데도 거리는 사람들로 붐비고 복잡했다. 노점상들이 많은 곳에서는 여기저기 걸려 있는 옷가지와 기념품들, 혹은 자잘한 일상용품들을 구경하기보다는 상인들의 인상과 표정이 친절하지 못하고 좀 굳어 있어서 사실 겁이 조금 났다. 소매치기가 많으니 주의하라는 애기와 인적이 많은 큰길로만 다니라는 것, 특히 택시를 탈 때 등록된 택시인지 확인하고 타야 한다는 애기들이 널려 있어서 여행을 제대로 할 수 있을까 의구심이 들었다.

과일을 좀 사려고 재래시장을 갔는데 전통음식인 타코나 샌드위치를 파는 노점상들이 늘어서 있었다. 먹고 싶은 생각보다는 오히려 식욕을 떨어뜨렸다. 역시 현지인들의 인상이 썩 좋지 않고, 너무 혼잡하다.

커다란 옥수수를 구워서 파는 노점상도 있는데 한 끼니는 해결할 수 있을 정도다. 가격을 물어보니 터무니없이 비싼 가격을 부른다. 결국 사지는 않고 마음속으로 '어째 산뜻한 여행이 안 되겠는걸.' 하고 중얼거리기만 했다.

어쨌든 여행은 계속 진행되어야 하고, 차풀테백 공원으로 가기 위해 지하철역으로 갔다. 전철 타기는 완전히 모험이다. 복잡한 출근 시간을 피했음에도 불구하고 전철은 언제나 혼잡했다. 전철을 타려고 기다리는 사람들도 많았는데 대부분 남자였고, 첫째 칸과 마지막 칸이 노약자와 여성이 타는 칸이라 맨 뒤쪽으로 걸어가는데 그것도 힘들었다. 남자들이 타는 칸은 감히 탈 수도 없이 꽉 차 있고, 여성 전용 칸도 역시 발 디딜 틈이 없다. 전철 가격은 우리 돈으로 치면 300원 정도, 완전히 서민들을 위한 대중교통 수단이다.

다른 사람들과 밀착되어 있어 정말 미칠 지경이다. 전철 안에도 소매치기가 많다는데 신경은 곤두서고, 정신이 없는 가운데 사방을 둘러보니 전철 안에 에어컨이 없다. 안내 방송도 없고, 창문을 보니 유리도 없다. 바람을 맞으며 그냥 달린다. 내려야 할 역을 지나칠까 봐 조바심이 났다. 역에 정차할 때마다 머리를 쳐들고 현지 여자들을 향해 소리 질렀다.

"차풀테백, 차풀테백?"

다행히 차풀테백 역에 무사히 내릴 수 있었다.

혼잡함에서 빠져 나와 마음이 좀 진정되니 차풀테백 공원으로 가는 길의 이런저런 모습이 눈에 들어온다. 어린아이들이 많이 보인다. 거리에 보이는 젊은 여자들은 거의 아이들을 둘, 셋 데리고 있다. 행색은 어려워 보여도 표정에서 낙천적인 성격이 드러나는 듯하다. 대체로 커다란 몸집에, 아이들도 결코 마른 몸집은 아니다. 거리에 경찰들도 많이 보인다. 소매치기나 강도 예방 차원인 듯, 어쨌든 안심하고 다닐 수 있어서 좋다.

노점상들이 파는 물건을 보면 해골 모양의 물건들이 많다. 장식물도 해골 모양, 티셔츠의 그림도 해골, 초콜릿이나 사탕도 해골, 보석으로 화려하게 치장한 해골에, 꽃으로 장식한 해골도 있다.

애니메이션 영화 〈코코〉가 생각났다. '죽은 자의 날'을 배경으로 한 음악영화다. '죽은 자의 날'은 멕시코 전통 축제인데, 매년 11월 1~2일에 행사를 치른다. 죽은 친지나 친구를 기억하면서 명복을 빈다. 영화에서는 죽은 자가 '죽은 자의 날'에 이승을 방문할 수 있는데, 방문할 수 있는 조건이 이승에서 누군가가 자신을 기억해 주고

제단에 사진이 있는지 없는지 여부에 따라 결정된다. 산 자와 죽은
자가 죽은 뒤에도 서로 연결되어 있고, 죽음을 두려워하거나 부정적
으로 느끼지 않음을 보여 주고 있다.

멕시코 국민들은 이날 성대하게 행사를 치른다고 하는데, 평소에
도 이렇게 죽음과 연관된 물건들을 팔고 있다. 대체로 해골들은 웃
는 모습에 춤추는 포즈를 취하고 있다. 이들은 해골이 그려진 옷들
도 많이 입고 다니는데, 난 썩 호감이 가지 않았다.

　차풀테백 공원에 들어와서 맨 처음 방문한 곳은 차풀테백 성이다. 입구에서 경로 우대로 가격을 할인해 주었다.

　2, 3십 분 언덕을 올라오니 멕시코시티의 전경을 볼 수 있다. 넓게 쭉 뻗은 대로에 즐비한 고층 건물들은 그 아래에서 힘들게 살아가는 서민들의 모습과는 전혀 상관이 없다는 듯한 모습이다. 어딜 가나 마찬가지겠지, 어느 나라에 간들 별수 있으려고.

　성 바로 옆에 국립역사박물관이 있다. 스페인이 상륙해서 '신 스페인'을 세운 때부터 멕시코 혁명 때까지의 역사를 모아 둔 곳이다. 건물 입구에서 올라가는 계단의 벽화부터 눈길을 끌었다. 멕시코 벽

화 화가들이 멕시코의 혁명이나 역사를 그려 놓은 벽화들이다. 혁명
이나 쿠데타를 소재로 한 그림들은 그 사실적 묘사의 강렬함과 힘차
고 선명한 선들은 공포감을 불러일으켰으며, 역사적 사실이지만 마
음은 상당히 편치 않았다. 각종 역사적 유물과 회화, 조각품, 문서,
민속 의상 들은 둘러보는 데 족히 하루해가 훌쩍 지나갔다.

　　허기가 져서 멕시코의 대표 음식인 타코를 먹었는데, 고기류든 야
채든 맵고 짜고 고수 향도 있고, 아무튼 내게는 잘 맞지 않았다. 음식
이 잘 맞지 않으면 결국 여행 내내 고생한다는 얘기다.

멕시코시티의 보고,
    국립인류학박물관

차풀테백 공원에는 동물원도 있고, 산책하기 좋은 숲과 호수가 있다. 공원 여기저기 가족 나들이를 온 현지인들도 많다.

우선 눈에 띄는 멋진 현대식 건물을 보니 현대미술관이다. 별도로 세워진 두 동의 건물 중앙에 야외 조각 공원이 조성되어 있어 소풍을 나온 기분으로 즐겁게 작품을 둘러볼 수 있다. 본 건물 전시실에서는 디에고 리베라와 프리다 칼로, 그리고 현대 멕시코 화가들의 작품이 전시되어 있다. 역시 멕시코다운 강렬한 색채와 화려함, 선명한 주제로 된 작품들이 주종을 이룬다. 체험 학습을 나왔는지 단

체로 온 학생들도 있었다.

공원이 워낙 넓어서 흩어져 있는 건물들을 찾아보기가 좀 힘든 감은 있었지만 표지판을 보고 공원 한쪽에 자리 잡은 멕시코 국립인류학박물관에 도착했다. 'ㅁ' 자 모양의 2층 건물은 입구에서부터 규모가 너무 커서 압도되는 느낌이다. 특히 박물관 입구는 단순하지만 커다란 기둥이 천장을 받치고 있는 형상을 하고 있는데, 그야말로 힘이 넘쳐 천장에서 물이 쏟아지는 분수다. 더운 날씨에 분수를 보고만 있어도 속이 시원하다.

1층은 선사시대부터 아즈텍 문명까지 12개의 전시실에 시대별로 전시되어 있고, 고대 유물은 그 수가 많았지만 밝혀진 자료가 없어서인지 설명이 간단하거나 아예 없는 유물도 많다.

테오티우아칸의 케찰코아틀 신전의 유물이나 체첸이사 유적지 등의 마야 문명 유물이 눈길을 끌어 살펴보는 데 시간이 제법 걸렸다. 멕시코시티 일대에, 14~16세기에 이르기까지 살았던 아즈텍인들은 스페인에게 망한 마지막 문명이다. 겨우 5, 6백 년 전이라 상대적으로 아즈텍 유물이 많이 보존되어 있다. 아즈텍이 멸망하고 멕시코시티의 중심 지역인 소깔로 광장에서 발굴된 아즈텍인의 우주관과 세계관을 원형의 커다란 돌에 새긴 달력으로도 쓰이는 '태양의 돌'이 중앙에 자리를 잡고 무게감 있는 모습을 보이고 있다. 하지만 박물관보다는 원래의 장소에 있었다면 얼마나 장엄하고 힘 있는 모습이었을까, 상상하기 어렵지 않았다.

시대별 전시실에서 규모가 큰 유적은 실내에서 야외 전시실로 이어져 당시의 시대 모습과 유물과의 연관성을 자연스럽게 연결해서 볼 수 있도록 배려해 놓아 이해하는 데 많은 도움을 주었다.

박물관 규모가 커서 그런지 유물 하나하나를 감상하는 동선은 마치 고즈넉한 길을 걷는 기분이다. 얼마나 오래된 것인지, 거기에 무슨 사연들이 있는지 상상해 보는 것만으로도 즐거운 산책이다. 하지만 어떤 면에서 보면 이건 모두 전쟁과 살육으로 인해 하나의 문명이 멸망하고 만 잔해가 아닌가. 이 모든 유물, 접시건 주전자건 화살촉이건 창이건 슬픔과 고통이 배어 있는 물건이 아닌가.

마야 유적관에서는 신에게 바치는 제물로 인신 공양할 때 심장을 올려놓은 다양한 모습의 차크몰(Chacmool)을 볼 수 있다. 살아 있는 심장에서 뚝뚝 떨어지는 피가 그 석조물에 흥건히 배어 있었을 것이다. 그 당시 희생자들이 흘린 피가 보이는 듯하다. 무표정을 가장한 듯 이상야릇한 표정들을 짓고 있는 차크몰의 모습에서 가슴이 서늘해지는 섬찟함을 느꼈다. 그렇게 오랜 세월이 흘렀음에도 불구하고 그들의 비명 소리가 박물관을 꽉 채우는 커다란 소리로 응결되어 있음을 느꼈다면, 이게 단지 상상력의 문제일 뿐일까. 아니면 그들의 원혼이 떠도는 것을 느낄 만큼 마음이 예민해져 있는 것일까.

2층에는 멕시코 전역의 민족사를 종합한 원주민의 의식주와 관련된 생활 모습이 열 개의 전시실에 전시되어 있다. 민속 의상은 화려한 색채가 무엇보다 눈길을 끌었는데, 그 선명한 색상을 어떻게 만들어 냈는지 신기할 정도다.

전체 유물이 모두 60만 점이라고 하니 규모로 말하자면 세계 어느 박물관과 비교해 봐도 뒤떨어지지 않는다. 유물의 보존 상태나 전시실 배치도 훌륭하고, 관람자의 동선 등도 배려한 수준 높은 박물관이다.

박물관을 자세히 둘러보자면 시간이 한도 없기에 적당히 지친 상태로 박물관을 나왔다.

공원에서 우연히 만난 교민 한 분이 이 지역에서 사업을 하고 있다고 한다. 어느 날 짐을 들고 걸어가는데 뒤에서 누군가가 "짐 놓고 조용히 그냥 가!" 하고 말하기에 그냥 그 자리에 조용히 짐을 놓아두고 갔다고 했다. 그들은 총이든 칼이든 무기를 지니고 있기에 그냥 갈 수밖에 없었다는 얘기를 하면서 결국 멕시코시티가 여러 가지로 너무 위험해 사업을 계속하기 어려워 다른 지역으로 옮겨 갈 계획이라며, 멕시코 여행 조심해서 잘하라고 신신당부를 했다. 그 말을 듣고 참 기가 막히고 겁도 났지만 국립인류학박물관을 보고 난 후의 느낌은 그 모든 위험과 어려움을 감수해도 좋을 만큼 훌륭했으며, 멕시코 여행은 이 박물관 하나만 보고 온다고 해도 충분히 가치가 있다고 생각했다.

마침 공원 안에 멋진 의자를 갖추어 놓은 스타벅스가 있어 반갑기도 하고 야외에 조성해 놓은 점이 새롭기도 해서, 공원을 지나다니는 사람들을 구경하면서 한가하게 차를 마셨다. 마음은 '어두워지기 전에 전철 타고 숙소에 들어가야지. 밤에 돌아다니면 안 되는데……' 하고 초조함이 밀려왔지만, 차 마시는 시간만큼은 그 한가함을 빼앗기고 싶지 않았다.

고대 도시 테오티우아칸

멕시코시티에서 버스를 타고 북동쪽으로 한 시간 정도 달려가면 테오티우아칸 유적지에 도착하게 된다. 그 규모가 워낙 방대하기 때문에 발굴 조사가 아직도 유적 전체의 10분의 1 정도밖에 진행되지 않았다고 하는데, 그래도 이 유적지가 규모나 주목할 점들이 멕시코에서 제일이라고 하니, 그 중요함이야 이루 말할 수 없다.

그럼에도 기원전 2세기부터 이 고대 도시에서 막강한 세력을 떨치며 살았던 사람들에 대해서는 알려진 것이 거의 없고, 8세기에 들어와서 이 문명이 갑자기 사라져 버린 원인도 제대로 밝혀지지 않았다고 한다. 이 지역에 남아 있는 조각이나 벽화, 건물 들을 기초로 하여 다양한 추측이 제기되었지만 그 어느 것도 결국 가설이고, 아직까지는 영원한 수수께끼에 싸인 신비로운 고대 도시일 뿐이다.

역사책이나 고대 건축물 책에서 이 유적지를 흥미 있게 보고, 영화 배경으로 등장하게 되면 영화 속으로 빨려 들어갈 듯 흥분하곤 했는데, 이제 그 현장에 직접 와서 보니 흥분된 느낌보다는 경이로운 마음에 오히려 두려움이 느껴졌다.

간단한 점심 도시락으로 빵과 과일, 물을 배낭에 챙겨 넣었다. 선크림을 잔뜩 바르고, 모자도 쓰고, 양산까지 들어 단단히 준비를 했는데도 쨍쨍 내리쬐는 아침 햇볕은 무섭기조차 하다. 나무 그늘은 찾을래야 찾을 수가 없다.

유적지 입구에 무성하게 자라는 가시 돋친 선인장들이, 이곳이 제아무리 중요한 유적지일지라도 지금은 버려진 땅이라는 것을 내게 항변하고 있는 듯했다.

입구 바로 앞에 있는 케찰코아틀(깃털 달린 뱀) 신전을 돌아보고

나오니 정면으로 죽은 자의 길이 뻗어 있고, 동쪽에 규모가 제일 큰
거대한 태양의 피라미드가 있으며, 죽은 자의 길 끝에 달의 피라미
드가 있다.

　오전인데도 벌써 많은 사람이 피라미드를 한 계단 한 계단 줄을
서서 올라가고 있다. 쨍쨍 내리쬐는 햇볕 아래 죽은 자의 길을 걸어
오는 데도 힘들었는데, 피라미드의 248개 계단을 올라가는 것은 그
리 간단치 않았다. 계단은 가파르고 어디 붙잡을 데도 마땅치 않고,
사실 겁이 조금 나긴 했지만 피라미드 끝까지 올라가야 유적지 전체
를 조망할 수 있으니 엉금엉금 네 발로 기어 올라갔다. 중간중간 테
라스가 넓게 있어서 쉬엄쉬엄 천천히 올라갔다. 현지인들이나 대체
로 젊은 여행객들은 웃으면서 날아갈 듯 올라가지만 나야 무서우니
어쩌겠는가.

태양의 피라미드는 규모가 이집트 기자 피라미드와 비슷, 밑변이 230미터다. 이집트 피라미드는 왕의 무덤으로 조성되었지만, 멕시코 피라미드는 제단이나 신전이 주를 이루고 거주 공간의 용도로 쓰였다고 한다.

　피라미드 꼭대기에 다다르니 평평하고 넓은 마당처럼 되어 있다. 꼭대기에 앉아 내려다보니 죽은 자의 길이 곧게 죽 뻗어 있다. 폭이 40미터에서 100미터까지 있고, 길이는 5.5킬로미터나 된다고 한다. 죽은 자의 길 좌우로 광장을 조성하는 많은 조형물이 자리 잡고 있다. 석조물이 담장처럼 있고, 멀리 박물관과 궁전들, 규모가 좀 작은 용도를 알 수 없는 피라미드들이 보인다.

　태양의 피라미드나 달의 피라미드나 끊임없이 사람들이 열심히 줄을 지어 계단을 올라가고 있다. 다들 무슨 생각으로 저리 열심히 올라가는 걸까? 꼭대기에 올라가면 뭐 새로운, 전혀 몰랐던 어떤 사실이라도 만날 수 있다고 생각하는 걸까? 그 까마득한 옛날, 죽은 자의 길이라 명명된 이곳에서 제물로 인간을 바치며 엄청난 축제라도 벌였던 걸까?

힘들게 올라온 피라미드 꼭대기에서 쉽게 내려갈 수는 없었다. 한참을 멍하니 앉아 있는데 얼굴에 주름살이 굵게 패인 현지 노인이 달과 태양을 상징하는 신상을 내밀며 온갖 설명을 한다. 검은 돌로 만들었는지 상당히 무거웠다. 가격을 물어보니 현지 물가에 비해 결코 싼 가격은 아니지만, 그래도 테오티우아칸을 기억할 만한 기념품 하나쯤은 있어야 했다. 덜컥 이 무거운 돌을 샀으니 이걸 어찌 들고 다니나! 생각이 짧은 내가 조금 한심하기도 했다.

10대로 보이는 현지 여학생들이 같이 사진을 찍자고 한다. 모두 활발하고 꾸밈없는 밝은 표정들이다. BTS를 들먹이며 까르르 웃어 댔다. 누군가의 폰에선 BTS의 노래가 흘러나왔다. 다들 엄지손가락을 치켜들었다. 좋다는 뜻이겠지. 다른 한 떼의 남학생들이 몰려왔다. 잠시 사진을 몇 장 찍고 슬쩍 물러났다.

죽은 자의 길을 오가는 많은 사람이 마치 개미처럼 느껴졌다.

지금 나는 시간의 박물관에서 어느 방을 기웃거리고 있는 것일까?

과거는 우리를 어디로 데려가는가?

삶이란 결국 과거 기억의 총량이 아닐까?

과거의 무게—과거가 우리를 지배하고, 과거에서 벗어나는 것이 자유로워지는 것이고, 결국 죽는 건 아닐까?

과거를 찾아다니는 것, 이것은 본능일까?

과거에 짓눌리면서도 과거를 끝없이 기억해 내고 과거를 찾아다니는 것은 뭘까?

과거에 함몰되어 발버둥치며 과거에서 벗어나지 못하고, 과거를 주렁주렁 매달고 질질 끌면서 질질 끌려다니는 우리는 얼마나 어리석은 것일까?

세상을 떠날 때 아무것도 지니지 않고 오롯이 나와 함께 가는 것은 내 과거의 기억뿐 아닌가!

　땡볕 아래 물도 제대로 마시지 못한 채 힘들면서도 달의 피라미드에 올라가야 했다. 경사가 심해서 역시 엉금엉금 기어 올라가며 인신 공양으로 이곳에서 피를 흘리며 죽어갔을 수많은 사람을 잠시 생각했다.

　혹시 휘영청 달이 밝은 밤에는 망령들이 나타나 달의 피라미드 아래에서 그들만의 축제를 열지는 않을까?

　죽은 자의 거리를 밤새도록 휘돌아다니며 그들만의 이야기와 하소연을 풀어내지는 않을까?

　아니 지금도 바람 속에 피를 흘리며 외치는 그들의 하소연을 내가 듣지 못하고 있는 것은 아닐까?

와하까에서 재즈와 함께

멕시코시티에서 버스를 타고 여섯 시간 조금 지나서 날이 어둑어
둑해질 무렵 와하까에 도착했다. 더 어두워지기 전에 저녁 산책이라
도 할 겸 숙소에 짐을 내려놓자마자 거리에 나왔다.

　야트막한 단층집들이 어깨를 맞대고 이어져 있다. 걸으면서 자세히 보니 시가지가 가로세로 바둑판 모양으로 가지런하여 눈여겨보면 길을 잃을 염려는 없다. 어둠이 내려앉는 거리는 오가는 사람도 없고 가로등도 희미하고, 몹시 조용하기만 하다.

단층 건물은 연노랑, 연분홍, 하늘색 등 다양한 색으로 되어 있으나 창문은 도로 쪽으로 나 있지 않아서 불빛조차 보이지 않았다. 가로등 불빛만 따라서 거리를 죽 걸어 다녔다.

한참을 걸어가니 어디선가 흥겨운 음악 소리가 들려왔다. 음악 소리 따라서 이 골목 저 골목을 찾아다녔다. 여기저기 기웃거리며 돌아다니다 보니, 드디어 음악 소리의 주인공을 만나게 되었다. 어느 집에선가 문을 활짝 열어 놓은 채 결혼식이 끝나고 막 파티가 시작된 참이었다. 신랑 신부 형상의 커다란 인형을 세워 놓고 마리아치의 흥겨운 음악에 맞춰 전통 복장을 한 한 떼의 사람들이 춤을 추고 있었다. 문 앞에서 엉거주춤 구경을 하고 있으니 남자들이 들어와서 앉으라고 아우성이다. 사진을 찍기 위해 안으로 들어가니 대여섯 개의 둥근 테이블에 사람들이 앉아 있고, 모두 흥겨운 음악에 맞춰 몸을 흔들고 아주 즐거운 표정이었다. 누군가 음료수를 한잔 내밀었다. 다행히 술은 아니었기에 얼른 마시고 사진 몇 장 찍고는 인사를 하고 다시 거리로 나왔다.

생각해 보니 토요일이다. 산토도밍고 교회가 있는 중심 광장으로 걸음을 옮겼다. 어둠에 잠긴 몇 개의 골목을 지나 중심 광장에 오니 토요일 밤답게 시끌시끌하다. 광장의 큰길을 따라서 노점상들이 모여 있다. 환하게 불을 켜 놓고 제법 많은 사람이 북적거려 활기찬 야시장 분위기가 느껴졌다. 교회 앞 넓은 광장에는 역시 마리아치의 흥겨운 연주가 있고, 주위에 군데군데 젊은이들이 모여 있다. 주로 주말에 데이트를 즐기는 젊은이들인지 남녀가 어깨동무들을 하고 다정한 모습들이다.

야시장 물건들을 살펴보니 대체로 수공예품이다. 와하까는 사탕수수 재배와 커피 가공 주로, 농업 관련 산업이 대부분이어서 멕시코에서도 가장 가난한 주 중 하나라고 한다. 팔고 있는 물건들도 가내 수공업 제품인 듯 그렇게 다양하지는 않다. 다양한 부족이 살고 있다는데 이들 원주민의 손재주가 상당한 모양이다. 나무를 깎아 만든 공예품들이 많고, 나무로 된 인형·헝겊으로 만든 인형, 손으로 만든 페도라는 제법 예뻤다. 앞에 수를 놓은 전통 복장, 손으로 만든 헝겊 가방, 색실로 짠 팔찌 등 대부분이 손으로 만든 물건들이다. 특별히 눈에 들어오는 물건은 없다.

광장을 조금 벗어나도 거리에는 사람이 보이지 않고, 야트막한 집들은 모두 잠에 빠진 듯 조용하기만 한 마을이다. 젊은이들도 광장에만 옹기종기 모여 있을 뿐 두세 블록만 떨어져도 거리는 잠에 취한 건지, 사람이 살지 않는 건지 분간하기 어려울 지경이다.

저녁은 먹어야 했기에 광장을 뒤로하고 교회 옆길을 걸어가니 레스토랑 몇 개가 보인다. 음악 소리가 들리고, 옥상 테라스가 멋있어 보이는 곳으로 들어갔다. 까사 와하까였다. 들어가 보니 아쉽게도 옥상에도, 2층에도, 1층에도 자리가 없다. 남아 있는 자리라고는 로비 쪽에서 음악을 연주하는 무대 바로 앞자리뿐이다. 웨이터가 이 자리가 괜찮겠냐고 물어왔다. 나는 좋다고 했다.

타코를 주문했는데, 음식이 나오자 소스를 뭘로 할지 물어보더니 바로 그 자리에서 만들어 주었다. 음식 맛도 괜찮고 무엇보다도 음악, 재즈 연주가 일품이다.

잠에 빠진 나른한 와하까에서 늦은 저녁을 먹는데 타코도 맛있고, 곁들여 연주가 훌륭한 재즈라니! 바로 이게 여행자의 행복 아닐까. 예기치 않은 맛있는 음식, 기대하지 않았던 음악.

너무 흥겹고 좋아서 그냥 있을 수가 없다. 웨이터를 불러 다섯 명의 연주자 모두에게 맥주를 한 병씩 갖다 주게 했다. 다행히 맥줏값은 비싸지 않았다.

기분 좋게 음식을 먹으며 음악에 취했다. 멕시코시티에서 느꼈던 불안감도 거의 사라졌다. "그럼 멕시코 여행은 멕시코시티만 벗어나면 괜찮은 모양이지?" 혼자 중얼거렸다.

잠시 휴식시간에 연주자들이 내게 건배를 했다. 나는 물잔으로 응대했다.

밤이 깊도록 늦게까지 음악을 들을 수도 있었지만 너무 늦은 시간에 숙소까지 걸어가는 건 무리다. 멕시코의 다른 도시에 비해 와하까는 치안 상태가 비교적 안전했지만 적당한 시간에 자리에서 일어섰다.

잠에 빠진 바둑판 모양의 거리를 재빨리 요리조리 걸어서 숙소로 돌아왔다. 밤거리는 다니는 사람도 없고 조용하기만 했다. 희미한 가로등 불빛이 담벼락에 긴 그림자를 남겼다. 기분 좋은 하루가 아쉽게 끝나가고 있었다.

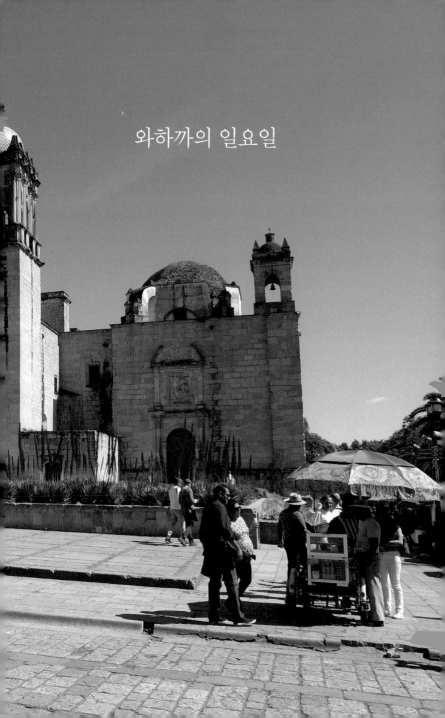

와하까의 일요일

일요일 아침이다. 주위는 조용하기만 하고, 새소리도 바람 소리도 들리지 않는다. 가볍게 아침을 먹고, 마치 우리 동네를 어슬렁거리는 것처럼 산책에 나섰다. 역시 어제저녁과 다름없이 거리는 조용하기만 하고, 달리는 자동차도 거의 없다. 단층 건물이 정답게 어깨를 마주한 거리를 마냥 걸어 다녔다. 춥지도 않고 덥지도 않은 날씨에 햇빛만 밝게 빛나고, 다니는 자동차도 없으니 공기도 오염되지 않아 깨끗하고, 그야말로 말 그대로 상쾌하고 쾌적한 기분으로 내내 산책했다

소깔로 광장에 이르니 사람 소리도 들리고, 아이들의 와자하고 유쾌한 웃음소리도 들을 수 있다. 400년이 넘은 산토도밍고 성당 주변에는 식민지 시대의 아름다운 건축물이 제법 남아 있어서 굳이 안에 들어가지 않고도 밖에서 그 아름다움을 충분히 느낄 수 있다. 광장에는 역시 노점 상인들이 많지도 않은 관광객을 상대로 활기차게 흥정하고 있고, 구두닦이 소년들이 구두 닦으라고 관광객을 졸라 댔다. 이 모든 풍경이 유쾌하게 느껴질 정도로 대기는 맑고, 햇빛은 청명하다. 이 모두가 일요일의 축복이리라 생각되는 날씨다.

성당 옆 수도원은 현재 개조하여 박물관으로 운영 중이다. 와하까에서 멀지 않은 곳에 위치한 유적지 몬테알반의 무덤에서 출토된 올메크족이나 믹스테크족의 부장품들이 전시되고 있다. 규모도 꽤 커서 전시물에만 신경 쓰며 다니다 보면 건물 안 어디쯤에 있는지 알 수 없다. 돌기둥이 이어져 있는 긴 복도에 수십 개나 되는 육중한 나무로 만들어진 문들을 보면 어느 방에 있었는지 길을 잃을 정도다.

박물관 주변에도 식민지 시대의 에스파냐 귀족 저택이 많이 남아 있어 박물관으로 개방하여 관람할 수 있는 곳도 있다.

다시 성당 앞 광장으로 돌아오니 막 결혼식이 끝났는지 한 떼의 사람들이 신랑 신부를 둘러싸고 떠들며 사진을 찍고 있다. 지난밤 파티장에서 본 것과 마찬가지로 전통 복장을 차려입은 여성들이 꽃바구니를 머리에 얹고 마리아치의 음악에 맞춰 춤을 춘다. 모두 흥겹기 그지없다.

　광장 한쪽에서는 한 떼의 사람들이 모여 앉아 그림을 그리고 있다. 스케치 동호회라도 되는가 보다. 한가한 모습이 정겹게 느껴졌다.

베니도 후아레스 시장 쪽으로 걸음을 옮기니 카페 브루훌라가 눈에 들어왔다. 참새가 방앗간을 그냥 지나갈 수 없는 법, 커피광인 내가 커피숍을 어떻게 그냥 지나간단 말인가.

카페 내부는 조용하고 깨끗했다. 햇빛이 환하게 비치는 중정에 많지도 않은 사람들이 제각기 일요일을 즐기고 있었다. 대부분 여행자로, 책이나 노트북을 보면서 마냥 한가하게 혼자들 앉아 있다. 적당히 비치는 햇빛, 상쾌한 공기. 이야기 소리도 들리지 않는, 그리고 커피 향기는 구수하고 달콤하고, 시간은 그야말로 갈 길 잃은 듯 느릿느릿 이곳에 함께 머물러 떠나려 하지 않았다.

아! 언제라도 와하까의 이 커피숍에 달려갈 수 있다면, 카페 한구석에 자리를 잡고 한없이 그 나른함에 빠져들 수 있다면.

커피 냄새는 또 어떤가. 어디인지는 모르나 햇빛이 하얗게 부서지는 들판을 지나 바람과 함께 산을 내달려온 냄새, 어느 지점의 기억인지 그냥 미소가 저절로 떠올려지는 아득한 기억의 한 끝을 잡아당기는 향긋한 냄새, 어떤 조향사도 만들 수 없는 향수 냄새였다.

나는 커피를 마시다 말고 커피숍 한쪽에 자리 잡은 매장으로 갔다. 이 카페에서 생산하는 커피 종류가 여럿 있었다. 나는 주저 없이 종류별로 다 집어 들었다.

배낭이 무거우면 질질 끌고라도 갈 거야. 우리나라에 돌아가서도 이 커피 맛을 즐겨야 해.

커피에 대한 욕심만큼은 돈이 문제가 아니었다.

옆자리의 유럽인과 이런저런 여행에 관련된 이야기를 나누다가 솔깃한 여행 정보를 듣게 되었다. 와하까에서 그리 멀지 않은 마을에 환각제로 쓰이는 버섯을 구할 수 있다는 얘기다. 버섯이라 별로 해롭지도 않고, 나중에 소변으로도 검출되지 않는데 효과는 확실하다는 것이다.

그레이엄 핸콕은 『슈퍼내추럴』에서 샤먼들이 환각성 식물의 효력을 이용해서 다른 세계에 다녀올 수 있다고 주장했다. 초자연적 영역으로의 여행을 위해서 환각성 식물을 복용한다는 이야기다. 주장의 진위와 상관없이 저자 자신이 실제로 그 식물을 복용하고 난 후의 경험담을 상세히 기록으로 남겼다.

핸콕의 주장을 아주 흥미 있게 읽었던 나로서는 그런 정보가 귀에 솔깃하지 않을 수 없었다. 글쎄, 친구라도 있었으면 서로 의지해서 버섯을 먹어볼 수도 있었겠지만 아쉽게도 혼자서는 무리다. 사실, 이 도시 자체가 환각제가 필요 없을 정도로 부드러운 햇살로 인해 나른함과 한적함에 빠져 있기는 했다. 그저 자연스럽게 불어오는 바람에 다들 환각에 빠져 있다고 할까?

원두커피를 잔뜩 사서 무거워진 배낭을 짊어지고 시장을 향해서 걸음을 옮겼다. 조용하고 한가로운 거리에 식민지 시대의 웅장한 건물이 많이 늘어서서 조금 무거운 분위기를 조성하기도 했다.

시장 입구 공원에는 일요일 오후를 즐기는 가족들이 나와 아이들과 함께 놀고 있다. 공원에 가면 어느 지역에서나 볼 수 있는 풍선 장수·아이스크림 장수 들이 있고, 커다란 아메리카 월계수 그늘에 그냥 멍하니 사람들이 앉아 있다.

시장에는 과일·채소 가게가 많고, 토산품을 파는 곳도 많지만 특별히 흥미를 끄는 물건은 없다. 길거리에서 할머니가 직접 만든 모차렐라 치즈를 덩어리째 팔고 있었다. 할머니가 한 조각 먹어 보라고 주었는데, 그 수제 치즈가 상당히 맛있었다. 식사용으로 훌륭한 치즈였기에 커다란 덩어리를 집어 들었다. 핫도그, 구운 옥수수도 주저하지 않고 그냥 사 들었다. 전부 훌륭한 식사 대용이다. 나중에 가이드북을 펼쳐 보니 와하까는 워낙 치즈로 유명한 도시였다.

길거리에서 한 할머니가 크기도 다양하고 무늬도 다양한, 이것저것 넣을 수 있는 뚜껑이 있는 바구니를 만들고 있다. 예쁘긴 하지만 가방에 넣어 가는 것은 무리다. 컵도 도기로 만들어 다양하게 색칠해 알록달록 예쁜 게 많지만 욕심은 부리지 않기로 했다. 헝겊으로 만든 가방도 예뻤는데…, 이것저것 들춰보기만 했다.

시장을 한 바퀴 둘러보는 데 제법 시간이 걸렸다. 다시 시장 입구로 돌아오니 공원에는 여전히 사람들이 오가고 아이들은 뛰어놀고, 바쁜 것은 전혀 없었다.

나도 커다란 아메리카 월계수 그늘에 빈자리를 찾아 앉았다. 다들 조용한 그늘에 그냥 앉아 있다. 풍선 장수도, 아이스크림 장수도 소리치지 않았다.

바람은 산들산들 머리를 날리지 않을 정도로 서늘하게 불고, 시간은 흘러가는지 멈추었는지 햇빛은 많이 기울어져 파스텔톤으로 예쁘게 색칠이 된 벽에 어른어른 알 수 없는 무늬를 만들었다.

몬테알반의
올메크족 유령들이여

16세기 에스파냐인들이 와하까를 공략하고 이곳에 식민지를 건설했을 때, 와하까에서 서쪽으로 10킬로미터가량 떨어진 곳에 이미 화려한 고대 도시가 있었다. 우기가 되면 그곳에 피는 하얀 꽃으로 인해 에스파냐인은 그 도시를 몬테알반, 즉 '흰 산'이라는 뜻으로 이름 붙였다고 한다.

  와하까의 날씨는 정말 좋았다. 춥지도 않고 덥지도 않고 습도가 높지도 않고, 그야말로 쾌적한 12월의 날씨였다. 말 그대로 너무 한가하고 조용한 데다 날씨조차 너무 좋아서 사람을 마냥 나른하게 만드는 날, 커피를 보온병에 담고 간단하게 빵과 사과로 점심 도시락을 준비한 후 몬테알반으로 가는 마을버스를 탔다. 마을버스도 사람들이 많지 않아 한가했는데 바깥 풍경도 역시 한가하긴 마찬가지다. 지나치는 마을도 작고, 집도 띄엄띄엄, 다니는 사람도 별반 없다.

  종점에 도착하니 커다란 나무 한 그루만 심드렁하게 맞아 줄 뿐, 유명한 유적지치고는 입구에 정말 아무것도 없다. 물어볼 사람조차 보이지 않는다. 기원전 7세기, 이곳에 도시를 세우고 대규모 건축물도 조성하여 수천 년에 걸쳐 사람이 살았다고 하는데, 새소리 하나 들리지 않는 정적 속에 잠겨 있다.

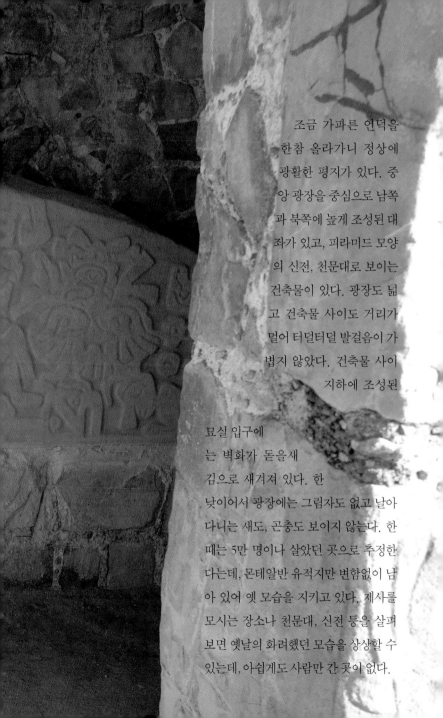

조금 가파른 언덕을 한참 올라가니 정상에 광활한 평지가 있다. 중앙 광장을 중심으로 남쪽과 북쪽에 높게 조성된 대좌가 있고, 피라미드 모양의 신전, 천문대로 보이는 건축물이 있다. 광장도 넓고 건축물 사이도 거리가 멀어 터덜터덜 발걸음이 가볍지 않았다. 건축물 사이 지하에 조성된 묘실 입구에는 벽화가 돋을새김으로 새겨져 있다. 한낮이어서 광장에는 그림자도 없고 날아다니는 새도, 곤충도 보이지 않는다. 한때는 5만 명이나 살았던 곳으로 추정한다는데, 몬테알반 유적지만 변함없이 남아 있어 옛 모습을 지키고 있다. 제사를 모시는 장소나 천문대, 신전 등을 살펴보면 옛날의 화려했던 모습을 상상할 수 있는데, 아쉽게도 사람만 간 곳이 없다.

전체적인 모습을 조망하기 위해 북쪽의 높은 대좌로 올라갔다. 계단은 가파르고, 올라가는 것도 쉽지 않다. 꼭대기에서 내려다보니 광장 전체가 한눈에 들어온다. 규모가 놀랄 만큼 크다. 광장은 정적에 휩싸여 바람 한 점 없고 그림자도 없고, 한낮에 유령들만 산책하고 있는 듯하다. 까마득한 옛날을 그리워하며……

한낮의 고대 유령들에게 내가 무슨 말로 위로할 수 있으리. 오히려 그들이 내게 고대인의 지혜를 전수해 주었으면 좋으련만! 어차피 고대인의 삶이나 현대인의 삶이나 한세상 살아가는 것은 마찬가지고 그들이 느꼈을 기쁨이나 슬픔, 고통도 마찬가지였을 텐데……. 한세상 먼저 살다 간 그들이 깨달았을 삶의 진리가 있었을 텐데.

고대의 올메크족 유령들이여!

단지 삶이란 허망하기 그지없으며, 우리는 헛된 욕심과 욕망에 사로잡혀 허우적거리다가 자신이 파놓은 허무함과 절망의 늪에 빠져 비참하게 삶을 마감하는 어리석은 존재일 뿐이라고 내게 말하는 것일까?

관중석이 있는 경기장에서 종교의식으로 구기경기가 있었다. 경기에 진 사람은 신에게 제물로 바쳐졌다. 가장 용감하게 이긴 사람도 역시 제물이 되었다고 한다. 경기장은 지금도 남아서 묵묵히 입을 다물고 몬테알반을 지키고 있다.

기다란 흰 옷자락을 너울거리며 한낮의 광장을 그림자도 없이 유유히 산책하는 고대의 유령들이여!

그대들이 흘린 피는 이미 마르고 말라버렸지만 아직도 돌무더기에 피의 얼룩이 남아 있고, 그대들이 느꼈을 공포와 원망의 비명 소리가 허공을 떠돌고 있다.

수천 년이 흘러 흘러 한 가난한 여행자가 풍성한 제물 대신 여기 커피와 과일로 마련한 소박한 제물을 바치오니, 그대들의 슬픔과 고통을 파란 하늘에 산산이 흩어버리고 영원한 휴식을 취하소서!

내가 할 수 있는 일은 그것뿐이었다.

광장 한편에 '춤추는 사람의 신전'이 있다. 평평한 돌판에 춤추는 사람의 모습을 다양하게, 표정도 풍부하게 표현했다. 기묘한 모습들은 춤추는 모습인지, 살해될 때의 모습인지, 공포감의 표현인지, 노예의 모습인지 해석은 다양하고 의견도 분분할 뿐이다. 이러한 돌조각이 300여 점이라고 한다. 무덤에서 발견된 부장품들은 와하까 박물관에 보존되어 있다.

유령들은 사르륵사르륵 유유히 광장을 산책했다. 내 뜻을 알아들은 것이리라.

그대들의 삶의 비밀이나 지혜는 아마 꿈속에 찾아와서 내게 슬며시 알려 주고 돌아가겠지. 오늘 밤의 꿈을 기대해 볼까?

한쪽에 있는 커다란 나무 아래 의자에 앉아 광장을 내려다보며 커피도 마시고 점심으로 가져온 빵을 먹는데, 한 남자가 다가와서 "안녕하세요?" 한국말로 인사를 한다. 어디 오지를 가도 한국인을 만나고…, 한국인은 정말 안 가는 데가 없다. 그리고 어디서든 한국인은 서로를 알아본다. 수천 년 된 이 몬테알반의 유적지에 관광객은커녕 현지인도 잘 보이지 않는데, 여기서 한국인 여행자를 만나다니! 정말 반갑고 놀라웠다. 그는 회사를 다니다가 퇴직을 하고 3개월째 중남미를 여행 중이라고 했다. 참 대단한 아저씨다.

돌아오는 마을버스 시간을 한참 기다
려 다시 와하까로 돌아왔다.

소깔로 중앙 광장에는 옥상 테라스에
멋진 카페들이 있다. 아름다운 석양을 볼
수 있는 곳으로, 이름 있는 카페들이 꽤
있다. 그중 카페 프라가를 찾아갔다. 벌
써 여행자들이 좋은 자리를 다 잡고 북적
거리고 있었다.

한 자리에 끼어 앉아 이름 모를 저녁을
먹으며 복잡한 지붕들 위로 넘어가는 해
를 보았다.

산토도밍고 성당도
부드러운 햇빛에 노랗게 물들어 더욱 아름다웠다.

이제 와하까를 떠날 때가 되었다. 다시 멕시코에 온다
면 와하까는 꼭 다시 와야지 다짐을 했다.

고대의 올메크족 유령들이여!
내게 다시 이 도시를 방문할 수 있도록 힘과 행운을
주소서!
삶의 지혜를 들려주소서!

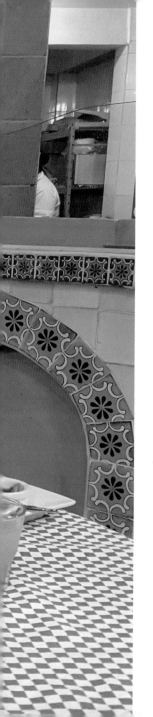

산 크리스토발 데 라스 카사스

혜밍웨이를 닮은 남자

와하까의 버스 터미널에서 밤 9시에 출발하는 야간 버스를 타고 산 크리스토발로 향했다. 버스는 불빛도 비치지 않는 1차선 도로의 숲길을 달렸다. 뭐라도 보일까 하여 잠을 이루지 못하고 차창만 열심히 들여다보았지만 차창에는 내 얼굴만 비칠 뿐이다.

　새벽이 되어 날이 조금씩 밝아지니 띄엄띄엄 집들이 보이고, 작은 마을들을 스쳐 지나갔다. 드디어 열두 시간이 걸려 산 크리스토발의 버스 터미널에 도착했다. 숙소를 찾아 거리를 걸어가는데 늦은 아침인데도 마을은 아직 잠에 빠져 있고, 어느 시간대인지 어느 시점에선가 시계의 바늘을 없애고 더 이상 시간이 흐르지 못하게 정지시켜 놓은 곳이었다.

　시간이 멈춘 도시.

　이렇게 아름다운 곳이 어디에 또 있을까.

　와하까, 산 크리스토발…, 이건 큰일인데?

　갈수록 멕시코가 좋아지고 있었다. 멕시코시티에서의 두려움은 간 곳이 없고, 멕시코의 작은 도시를 찾아갈 때마다 이렇게 매혹적이고 아름다운 마을을 만나니 멕시코 예찬자가 될까 걱정이 될 정도다.

호텔 입구가 작아서 작은 집인 줄 알았는데 데스크를 지나니 널찍한 중정을 가진, 역시 오래 묵은 전통 가옥이었다. 삐그덕거리는 계단을 올라가 목재로 된 복도를 지날 때도 삐그덕 소리가 나서 발을 들고 걸어가야 할 지경이었다.

　짐을 내려놓고 늦은 아침이라도 먹을까 하고 1층에 있는 식당에 내려왔는데, 테이블에 앉아 있는 한 남자가 이건 정말 헤밍웨이였다. 갑자기 어디선가 헤밍웨이가 내 앞에 나타난 것이다. 앞뒤 생각하지 않고 그 남자에게 달려갔다.

　"어디서 오셨어요? 멕시코인이세요? 헤밍웨이와 너무 닮았어요. 사진 좀 찍을게요."

　주저리주저리 정신없이 말을 시켰다. 그는 웃으면서 멕시코인이고, 여행 중이라고 했다. 사진을 연신 찍어 대도 그는 말없이 웃기만 했다.

　그런데 그날 아침에 그를 한번 보고는 다시 마주치는 일은 없었다. 좁은 지역이라 어디선가 볼 수 있을 터인데 만나지 못했다. 잠시 그 아침에 헤밍웨이가 정말 내 앞에 나타난 것은 아닐까? 멕시코 여행을 환영이라도 하듯이.

마을은 한가하고 한적하여 산책하기에 정말 좋다. 야트막한 집들, 사이사이에 예쁘고 작은 가게들. 차들도 다니지 않고, 평평하고 어디론가 이어져 있는 골목길들.

아르마스 중심 광장으로 가니 머리를 길게 늘어뜨린 히피풍의 옷차림을 한 백인이 아기를 안고 현지 젊은 여인과 걸어가는 모습이 간간이 눈에 띄었다. 여행자와 히피들의 천국이라는 말이 생각나서 고개가 끄덕거려졌다.

간판도 제대로 달려 있지 않은 환전소 앞에는 여행자들이 창구 밖으로 줄을 서 있다. 실내가 좁아서 어디 서 있을 데가 없는 것이다. 고산지대라서 날씨는 춥지도 않고 덥지도 않고 습도도 낮은 기분 좋은 청명한 날이지만, 햇볕은 강하고 따갑게 느껴졌다. 그런 햇볕 속에서 그늘도 없이 마냥 줄을 선 채 기다리고 있다. 환전하는 현지인의 손놀림은 바쁠 것도 없고, 급할 것도 없다.

나도 바쁠 것 없이 한참 기다려 환전을 하고 하루 종일 이 골목 저 골목 어슬렁거렸다. 여기저기 어슬렁거리며 돌아다녀도 전혀 지루하거나 심심하지가 않다. 걷다가 만나게 되는 가게를 둘러보는 것도 재미다. 주인들이 보이지 않는 데도 있고, 있어도 사든지 말든지 신경 쓰지 않는다. 예쁜 화분에 아기자기하게 담긴 이름 모를 식물들을 한참 보고 있노라면 시간 가는 줄 모른다. 장신구를 팔고 있는 가게에 들어가면 이것저것 집어 들어 팔찌를 해 보고 귀걸이도 해 보고, 손으로 매듭지어 만든 팔찌를 보면 알록달록 다양한 색을 수십 개 집어 들어 흥정을 하기도 했다. 가격도 저렴한 데다 무게도 나가지 않아 선물용으로 더없이 좋다.

　골목길을 걷다 보면 여행자를 상대로 하는 당일 코스의 간단한 멕시코 요리 강습을 하는 곳도 있고, 일주일이나 한 달 코스의 스페인어 강습을 하는 곳도 있다. 찬찬히 읽어보면 뭐 그렇게 비싼 가격은 아니다. 살사댄스를 강습하는 곳도 짧게는 한두 시간에서 한 달까지 프로그램이 다양하다.

　이곳에서 몇 달씩 장기 체류하며 살아보는 것도 괜찮을 듯한 생각이 든다. 공기가 맑은 거리에서 투명한 햇빛 사이로 한가하게 산책하노라면 시간이 멈춘다 한들 뭐 그리 큰일이겠는가.

　멕시코의 고대 유적보다 산 크리스토발이 더 멕시코답게 느껴졌다. 이 한적하고 한가한 마을이 오히려 멕시코의 특징을 잘 보여 주는 듯하다.

무슨 비밀이라도 찾는 듯 골목길을 어슬렁거렸다. 이 골목 저 골목 어디엔가 비밀이 숨겨져 있고, 나는 숨은 그림 찾기에서 보물이라도 찾는 양 귀를 쫑긋하고 다녔다. 피곤한 줄도 모르고 환한 햇빛 아래 보석이라도 캐는 양 돌아다니다가 문득 생각이 들었다.

보석을 찾아 돌아다니다니?

보석은 내 마음속에 있지 아니한가!

어린 시절 부모님에 대한 기억이나 젊은 시절의 열정에 찬 순간들, 슬픈 기억, 친구들과의 시끌벅적한 수다가 하늘로 퍼져 나가던 순간들, 해맑은 웃음소리들. 이루 헤아릴 수 없이 많은 보석들이 이미 내 마음속에 있는데, 나는 이 먼 곳까지 와서 무얼 찾는다고 여기저기 헤매고 있는 것일까.

나는 무엇을 찾는 것일까?

이 먼 곳에서 파란 하늘을 보며 무엇을 찾는 것일까?

무엇이 있기나 한 것일까?

헤밍웨이는 어디로 갔을까?

내게 무엇을 일깨우기 위해 아침에 호텔 식당에 나타난 것일까?

거리는 조금씩 어두워지고 상점에는 희미한 불빛들이 반짝거렸다. 반짝거리는 그 불빛들이 불타오르는 듯 내 마음으로 옮겨 붙었다. 불이 활활 타오르고 있었다. 타오르는 불을 껴안고 어디인지도 모르는 좁은 골목길을 걷고 또 걸었다.

산 크리스토발 데 라스 카사스

길을 잃어도 좋은

시간이 멈춘 이 작은 도시에서는 뭐든지 그렇게 서둘러 일 처리를 할 필요가 없다. 좀 늦게 일어나 아침도 천천히 먹고, 빨래도 세탁물 서비스에 맡기고 어슬렁어슬렁 거리로 나간다. 저녁에 돌아와 세탁물을 찾으면 햇볕에 보송보송 잘 말라서, 어디서 불어왔는지 모를 바람 냄새가 향긋하게 숨어 있는 옷가지가 나를 기다리고 있다. 물가가 저렴해서 빨래 걱정도 안 하고, 먹거리도 부담 없다. 이곳저곳 상점을 둘러보며 거리를 돌아다니면 길을 잃어도 좋았다.

스마트폰의 구글 지도를 보며 화살표만 따라다닌다면 거리의 이모저모가 눈에 들어올 리 없다. 여행이 끝난 후에도 마음속에 거리의 모습이 남아 있지 않을 것이다. 낯선 곳에서는 길을 좀 잃어도 좋다. 목적지에 길을 잃지 않고 재빨리 도착하는 것, 그것만이 여행이 아니다. 여기저기 기웃거리다가 다른 길로 접어들기도 하고, 가려고 했던 교회나 박물관에서 조금 멀어진다 한들 그게 뭐 그리 큰일이겠는가. 엉뚱한 길로 접어들어 생각지도 못한 예쁜 집이나 상점, 혹은 물건들을 만날 수 있다. 기대하지 않았던 그 무언가를 골목에서 만날 수도 있다.

나는 지금도 종이로 된 지도를 좋아한다. 론리플래닛이 무거우면 지도만 복사해서 들고 다니다가 필요할 때 펼쳐서 본다. 큰 도시건 작은 도시건 어디에서든지 몇 번 헤매다 보면 거리의 모양이 머릿속에 들어온다. 어디쯤인지, 어디로 가야 하는지 저절로 알게 되는 것이다. 여행이 끝나고 집에 돌아와서도 내가 헤매고 다녔던 골목이 마음속에 오롯이 남아 있게 된다. 한가할 때 다시 그 골목길을 어슬렁어슬렁 산책할 수도 있다. 스마트폰 앱에만 의존하게 되면 처음부터 여행 끝날 때까지 거리가 세세하게 마음속에 남아 있는 도시는 아마 없을 것이다.

종이 지도여, 영원하라!

진정한 여행자의 길 찾기는 종이 지도다.

호텔이나 맛집, 유적지를 앱에서 찾아가는 일은 정말 재미없는 여행이다. 숙소도 발품을 팔아서 직접 보고 흥정하고, 음식점도 내가 직접 찾아가서 맛을 보고 분위기를 느껴야 나만의 맛집이 되는 것이다. 다른 사람이 찾아 놓은 좋은 숙소나 맛집이 나와 무슨 상관이 있다는 말인가. 내가 직접 찾아가서 결정하고, 체험도 하고, 실수도 하고, 뜻밖의 기분 좋은 일도 만나고, 시행착오도 겪어보고 이런 게 진정한 여행 아닐까? 너무 편리한 것만 찾지 말고 가능하면 불편한 쪽을 선택하기, 장거리가 아니면 직접 걸어서 그 지역의 분위기·냄새·소리·현지인들의 표정·사람 사는 모습을 느껴보는 것이다.

산 크리스토발의 거리는 종이 지도조차 쓸모없게 만들었다. 비슷한 모양의 집들이 계속 이어지고, 길은 사방으로 갈라지고, 특정한 건물도 없고, 그냥 길을 잃어버린 채 기웃거리며 걸음을 옮길 수밖에 없는 거리다.

한참 걷다 보니 꽤 복잡한 시장에 이르렀다. 거의 야채와 과일을 팔고 있는데, 인근 인디오 마을에서 장을 보러 온 원주민들로 조금 혼잡했다. 멜론이나 아보카도, 애플망고가 생각보다 엄청 저렴하여 '이때 많이 먹자.' 하고 과일을 잔뜩 사 들었다. 견과류도 제법 눈을 끌어 한구석에서 마카다미아를 팔고 있는 중년 남자에게 산 크리스토발에 머무는 동안 세 번이나 찾아가서 사 먹었다.

원주민들로 복잡하고 다니기도 힘든 시장 한편에서 차믈라로 가는 승합차를 탔다. 승합차는 빈틈이 없을 정도로 꽉 끼어 앉아서 한 시간가량을 달렸는데, 차믈라 역시 한적하기만 한 인디오 마을이다.

차에서 내리자 바로 시장이다. 대부분 앞 쪽에 수를 놓은 전통 의상을 팔고 있다. 나는 입어봐야 어울릴 것 같지도 않고, 입어볼 엄두도 나지 않았다. 가죽제품 가방이나 지갑을 파는 가게도 제법 있고, 수공예품도 많이 보였는데 물건을 살 마음은 없다.

시장을 벗어나 마을 쪽으로 걸음을 옮기니 빵 가게에서 막 구워 낸 빵을 내놓았다. 냄새도 구수하고 따끈따끈한 게 아주 맛있어 보였다. 욕심껏 빵을 사 들고 근처 교회 옆에 있는 작은 정원에서 빵을 먹었다. 너무 맛있어서 앉은자리에서 다 먹고 말았다.

차믈라는 소수민족의 인디오 마을인데, 차믈라 교회와 이 지역 여자들 대부분이 수공예품을 만들어 파는 마켓으로 이름이 있다. 특히 교회는 예배가 끝난 후 닭 목을 비틀어 죽인 후 피를 뿌린다고 하는데, 내가 갔을 때는 예배 시간이 아니었고, 또 교회 문은 잠겨 있어서 안으로 들어갈 수도 없었다.

산 크리스토발로 돌아오는 승합차에 짐짝처럼 실려 돌아왔다. 교회에서 예배 드리는 모습을 볼 수 없어 좀 아쉽기는 했지만, 그 마을에 여러 날 묵기는 좀 어려웠다.

시장에서 사 온 무거운 과일을 숙소에 내려놓고 다시 거리로 나와 어슬렁어슬렁 마을 끝에 위치한 나 보롬 박물관을 찾아갔다. '죽기 전에 가 봐야 할 1000곳'에 소개된 산책하기 좋은 거리다. 19세기의 대농장이었는데, 고고학자 프린스 보롬과 사진작가 아내 거트루트 보롬이 살았던 집을 박물관으로 꾸며 놓았다.

부부의 생활을 살펴볼 수 있는 살림살이들, 고고학자로서 발굴에 관여했던 일들, 자연스럽게 흐트러진 정원의 막 자란 온갖 꽃 등 여러 가지 유품을 볼 수 있다. 박물관이 온통 노란색으로 꾸며져 있어 더욱 예쁘게 느껴졌다.

햇빛이 환하게 비치는 마당 한가운데 기념품을 팔고 있는 원주민 노파는 마치 동화 속에 등장하는 인형처럼 앉아 있다. 뒤뜰에도 막 자란 꽃들로 어지러웠지만 정돈되지 않은 그 모습이 더없이 아름다웠다. 바로 이런 점이 산 크리스토발의 매력 아닐까.

다시 소깔로 광장으로 나오니 밤거리에 길거리 공연이 있고, 라이
브 카페에서도 재즈 연주가 사람들의 발길을 끈다. 낮에는 한적했던
거리가 밤이 되니 활기가 가득하다. 고산지대여서 그런지 밤이 되니
서늘해진다. 일교차가 제법 심하다.

배낭여행자와 히피의 천국이라는데, 산 크리스토발을 떠나려 하니 갑자기 마음이 춥게 느껴졌다. 음악 소리도 귀에 안 들어오고, 숙소로 가려 하니 깜깜한 길이 막막하다. 헤매다 보면 숙소에 도착하겠지. 산 크리스토발의 거리는 이제 마음 깊이 묻어 두고…….

과테말라의 파나하첼로

멕시코의 산 크리스토발에서 과테말라의 파나하첼까지 열 시간 은 걸린다고 하여 아침 일찍 국경 도시로 가는 버스를 탔다. 사실 과 테말라에 대해서는 별다른 지식도 없고, 중미의 그저 작은 나라라는 것, 살고 있는 국민들도 마야인의 후예가 대부분이라는 것 정도다. 뉴스의 초점이 된 적도 없었고, 글로벌 시대에 특별히 인터넷에 오 르내리는 나라도 아니다.

치아파스의 널찍한 도로를 세 시간이나 달려 도착한 멕시코의 국 경 도시 시우닷 데 구아떼목은 좀 어수선했다. 동남아나 아프리카 어느 지역의 시장통을 방불케 하는 혼잡함에, 다닥다닥 붙은 작은 상점들에서 바람에 흩날리는 옷가지들로 조금 정신이 없었다.

환전하라고 계속 말을 걸어 대는 사람들을 피해 멕시코 출입국 사 무소에서 순조롭게 출국 도장을 받아 짐을 챙겨 들고 걸어서 과테말 라 쪽 사무소에 도착했다. 간단한 입국 신고서를 작성한 후 여권에 도장을 받고, 언뜻 보기에 좀 초라한 우리나라 시골 면사무소 정도 크기의 시멘트 건물이 고작인 입국 사무소를 빠져 나왔다.

과테말라 쪽의 국경 마을은 멕시코보다 더 어수선한 시장통이다. 버스 정류장이라고 제대로 있는 것도 아니고, 택시도 별로 보이지 않았다. 얼굴이 대체로 검고 먼지를 뒤집어쓴 노점상들이 길가에 가득 늘어서 있고, 환전하라고 소리치며 다니는 사람들은 더욱 정신없게 만들었다.

여행자를 기다리고 있는 차량은 대부분 봉고차. 가방은 좋고 나쁘고 관계없이 다 지붕 위로 올리고, 자리가 있으면 어찌 되었든 끼어 앉아 가야 한다. 여행자들이 몰려 있어서 가격 따지고 꾸물대다가는 제때 목적지에 도착할 수 없다.

여행자들은 역시 대체로 서양인들이고, 대형 배낭을 가볍게 메고 있다. 체격이 좋고 젊으니 당연히 무거운 배낭도 무거운 줄 모르고 힘도 덜 들겠지. 어수선한 시장통에서 봉고차 지붕에 짐도 가볍게 올리고, 흥정도 잘하는 그들을 보니 부럽기까지 하다.

나도 얼마 전에는 10킬로그램이나 되는 배낭을 메고 숙소 찾느라 한 시간이고 두 시간이고 힘든 줄 모르고 잘 다녔는데, 이제는 무릎이 아프려고 하니 예전처럼 무거운 배낭은 멜 수가 없다. 짐을 줄이고 줄여 최소한의 짐으로 가볍게 다니지만, 역시 체력이 예전만 못하다. 정말 서글프다. 앞으로 얼마나 더 이렇게 마음 편하게 여행을 할 수 있을까. 내 마음대로, 내 발길 닿는 대로 무엇이고 구애됨 없이 홀홀, 그야말로 가볍게 몇 날이고 몇 달이고…….

여행 가이드북 챙겨 들고 무거운 배낭 메고, 힘들다는 것도 못 느끼고 그렇게 한 달도 넘게 여행 다녔던 젊은 날이 그리워진다. 정말 힘든 줄도 모르고 무엇에 홀린 듯, 무엇을 찾고자 하는지 알지도 못하면서 단지 열정만으로 똘똘 뭉쳐 허겁지겁 이 나라 저 나라 국경을 넘어 다녔다.

젊은 시절에는 멋지고 잘생긴 여행자들도 더러 눈에 들어왔다. 베네치아의 산타루치아 역사에 있는 카페의 바리스타가 서늘한 눈으로 쳐다볼 때 새벽 기차역에서 마시는 에스프레소 맛이 기가 막힘에도 불구하고 무얼 마시는지 알지 못할 정도로 허둥대고 있었다는 것. 헬싱키의 유스호스텔에서 아침을 먹으려고 식당에 앉았을 때 서너 테이블 건너편에 기가 막히게 잘생긴 남자가 앉아 있어서 일부러 다른 풍경 사진을 찍는 것처럼 카메라를 이리저리 돌리다가 슬쩍 그 미남을 찍고는 심심할 만하면 그 사진을 꺼내 보았다. 이탈리아의 볼로냐에서 남녀 혼숙인 호스텔에서 같은 방에 묵었던, 늘 위아래를 흰색으로 입었던 순진한 얼굴의 프랑스 청년도 생각난다. 햄릿의 무대가 된 크론보그 성이 있는 덴마크의 헬싱괴르에서 바닷가에 있는 유스호스텔에 묵고 있었다. 마침 스웨덴의 어느 축구부가 전지훈련을 왔다. 휴게실에 있는데 그들이 가득 들어오는 것을 보고는 얼굴도 제대로 들지 못하고 움직이지도 못한 채 허둥대면서도 잘생긴 얼굴과 근육질의 몸매를 슬쩍 훔쳐보던 기억, 지금도 조금 웃음이 난다.

버스 옆자리에 앉은 일본인 젊은 여행자는 장기간 여행 중인지 행색이 조금 초라해 보인다. 바나나를 한 개 권하니 얼른 받아 들고 먹는다. 나도 국경을 넘고 차편을 찾고 하느라 끼니를 제대로 챙겨 먹을 수가 없었으니, 그 역시 배가 고팠는지 모른다.

버스는 꼬불꼬불한 좁은 산길을 달렸다. 야트막한 산에는 제법 나무도 울창하고 풀들도 엉켜 있어 정글 속을 달리는 기분이다. 도로 사정은 좋은 편이 아니다. 비포장도로가 계속 이어지고, 길 양옆으로는 쓰레기가 어지럽게 널려 있어 '저걸 어쩌나?' 혼자 걱정만 했다. 산에도 듬성듬성 집이 있어 마을을 이루고 있는데, 어딘가 옹색한 느낌이 드는 것은 어쩔 수 없다. 멕시코와 비교하는 것은 아니지만 멕시코에 있다가 국경을 넘어와서 그런지 많은 차이가 느껴졌다. 도로 상태도 그렇고, 원주민 모습도 그렇고, 교통수단인 버스나 봉고차·툭툭이도 상당히 열악한 환경임을 느낄 수 있다. 조금 큰 마을에 도착했을 때 다니는 버스를 보니 우악스럽게 보이기까지 했다.

파나하첼은 아직 한참을 더 가야 하는데, 일본인 여행자는 행선지가 달라 어디선가 차를 갈아타는지 차에서 허겁지겁 내려간다. 버스가 잠시 정차하는 바람에 창문을 내다보니 젊은이가 주유소에 있는 매점에서 빵을 사 들고는 길거리에 그냥 주저앉아 먹고 있다.

정말 배가 고팠구나. 장기간 여행 중이니 먹는 것도 부실할 테지. 그렇지만 젊으니까 고생도 고생으로 여기지 않고 즐거운 마음으로 다닐 수 있는 게지.

오히려 젊은이의 모습이 귀엽게 느껴졌다. 나 역시 불가리아에서 마케도니아로 국경을 넘어갈 때 휴게소에서 만난 수염을 잔뜩 기른 남자가 요구르트를 권했는데, 고춧가루를 잔뜩 뿌려주면서 "이렇게 먹어야 맛있어." 하는 바람에 놀랐던 기억이 난다.

도로 사정도 좋지 않고, 멕시코의 대형 버스와는 비교도 안 되고, 길거리의 집들도 초라하고, 마을의 거리를 다니는 사람들의 행색조차 원주민 전통 복장이어서 그런지 꽤 초라해 보인다. 키도 크지 않고 통통한 체격에 얼굴은 햇빛에 많이 그을려 있다. 여자들은 울긋불긋한 옷에 머릿수건인지 싸매고 있고, 남자들은 셔츠에 중절모를 쓰고 있다. 그런 모습들이 어쩐지 더 초라해 보여 마야인의 후손들이 문명이 사라진 탓에 그들의 운명도 역시 암울한 것인가 생각이 들었다.

차는 산길을 구불구불 계속 달렸다. 산악지대여서 끝없이 계속되는 산은 나무가 울창하여 정글처럼 아름답게 보인다. 늘 넘치는 햇살과 풍부한 강우량으로 나무들은 잘 자란 모습이다. 행색이 초라한 사람들의 모습과는 달리 낭떠러지를 지날 때나 절벽 아래를 지날 때도 산의 모습은 아름답고, 땅거미가 내려앉는 저녁에도 멀리 보이는 구름은 어슴푸레 고운 색으로 빛났다.

국경을 떠나 산길을 다섯 시간 달렸다. 역시 터미널은 없고, 마을 입구에 그냥 사람들이 내려서 짐을 찾는다. 열두 시간이 걸려 드디어 파나하첼에 도착한 것이다.

파나하첼의 커피 '외외테낭고'

가만히 생각해보면 마음은 늘 어딘가 다른 곳에 있다. 이곳에 있지 않다. 이곳에서는 늘 부재중이다. 지상의 방 한 칸인 내 집에서도, 내 책상에서도 난 늘 부재중인 것이다. 어딘가에는 있는 것이지만 그 마음이 늘 떠다니므로 나 자신에게도 부재중이다.

이스파한의 거대한 모스크 광장을 돌아다니는가 하면, 티베트의 황량한 절간에서 마니차를 돌리고 있다. 이스라엘의 메마른 협곡을 돌아다니기도 하고, 때로는 파타고니아의 정신 나간 여자 같은 바람 소리를 듣고 있다. 꿈속에서도 다른 어딘가에 있는 마음을 붙잡아 의자에 앉혀 놓고 눈을 뜨니 창문으로 환한 햇빛이 비치고 있었다.

사실 지난밤에는 잠을 제대로 잘 수 없었다. 한밤중에 바람 소리가 요란하여 깨어나 시계를 보니 새벽 두 시였다. 밖을 내다보니 정원의 나무들이 바람에 심하게 흔들리고, 소리도 엄청났다. 잎사귀가 넓은 열대 식물의 흔들림은 마치 유령이 양팔을 휘저으며 춤추는 듯했다. 바람 소리는 어찌나 요란한지 의심할 바 없이 바다 한가운데 떠 있다고 생각할 수밖에 없었다. 불안하여 창문으로 자주 밖을 내다보았다. 뭔 일이라도 있는 것인가?

방에 있는 포트로 커피 물을 끓였다. 아무래도 한잔 마셔야겠다 생각하는데 뭔가가 문을 쾅쾅 두드린다. 흔드는 게 아니라 심하게 두드린다. 깜짝 놀라 밖을 내다보니 아무도 없다. 바람이 두드린 것이다. 이런 괴상한 날씨는 정말 처음이었다.

　자는 둥 마는 둥 언제 그랬냐는 듯이 잠잠해진 바람에 마음을 놓고 창문을 열었다. 어젯밤에는 알 수 없었던 호텔의 아주 넓은 정원에 열대지역 꽃들이 화려한 색을 자랑하고, 아보카도 비슷한 열매가 주렁주렁 매달린 과일나무도 보였다. "이렇게 멋지고 넓은 정원을 가진 호텔은 처음이야!" 하고 소리 지르며 밖으로 나왔다.

　어젯밤의 괴상한 날씨 흔적은 찾아볼 수가 없었다. 호텔 뒤편으로는 엄청나게 높은 산이 버티고 있다. 가벼운 마음으로 올라갈 수 있는 그런 산은 아니다. 정원의 활짝 핀 꽃들도 이름을 알고 있는 것은 하나도 없다. 뭐 어쩌랴! 이렇게 예쁜 꽃을 즐기면 되는 거지. 뭐 그렇게 비싼 가격의 고급 호텔은 아니다. 시설이 별로 좋지 않은 값싼 호텔인데 멋진 정원이 있어 내게는 정말 훌륭한 숙소다.

　아침 산책도 할 겸 좀 이른 시각에 거리로
나왔다. 한적하고 조용한 동네에 역시 바쁠
것도 없는 작은 마을이다 보니 거리에 사람
은 보이지 않는다. 문을 연 상점도 없고, 출근
하는 사람들로 인한 분주함도 없다.

　공기는 그야말로 이른 아침답게 서늘하고
상쾌하고 싱그럽고, 우리나라의 10월 기분
좋은 가을 느낌이다. 넓은 길을 따라 마을을
한 바퀴 돌아도 마을은 조용하기만 하다. 분
주하게 돌아다니는 개조차, 고양이 한 마리
조차 볼 수 없다.

　아띠뜰란 호수로 걸음을 옮겼다. 여행가들
이 세계에서 가장 아름다운 호수라고 극찬하
는 곳이며, 세계의 많은 사람이 이 호수를 보
기 위해 몰려드는 곳이기도 하다. 여행 가이
드북을 보면 체 게바라가 이 호수에 와보고
너무 아름다워 혁명을 포기하고 싶다고 했다
는 일화도 있다. 게바라의 전기를 보면 그는
1953년 말에 과테말라에 도착했다. 혁명의
열기가 후끈거리던 때였는데, 이때 농민들을
만나기 위해 이 아띠뜰란 호수를 방문했을
것으로 짐작된다.

호수로 가는 길가에 카페 '로코'가 있다. 이른 시간이어서 아직 문을 열지 않아 아쉬웠는데, 시간이 좀 지나서 다시 카페에 가니 서양인 여행자들이 몰려 있다. '이 지역에서 역시 커피 맛이 좋은 곳이구나.' 하고 카페에 들어가 주문을 하려고 보니, 한국인 젊은이가 카페를 운영하고 있다. 일본인 여학생과 한국인 여학생이 아르바이트로 일을 도와주고 있었다.

정말 대단한 젊은이야!

바 의자에 앉아 남학생 정도로 보이는 젊은이와 얘기를 나누었다. 5년째 이곳에서 카페 일을 하고 있었다. 어떻게 경영하는지 어려움은 없는지 한국의 부모님은 얼마나 보고 싶은지 등등 얘기를 계속 나누었는데, 젊은이가 귀염성 있게 대답도 시원시원하게 잘 해주었다.

커피 맛이 얼마나 좋은지, 파나하첼에 있는 동안 하루 두 번 정도 들러서 커피를 마셨다. 그때마다 서양인 여행자들이 늘 몰려와 자리를 차지하고 있어서 카페 경영을 잘한다며 칭찬을 아끼지 않았다.

떠날 때는 '외외테낭고'라는 원두를 욕심껏 사 들고 왔는데 집에 돌아와서도 커피가 얼마나 맛있던지 오래가지 않아 다 떨어지고, 한동안 우리나라에서도 과테말라 커피만 사러 돌아다녔다. 진하지도 않고 부드러우면서 깊은 맛이 느껴지는 과테말라 커피는 딱 내 취향이다.

지금도 파나하첼 아띠뜰란 호수로 가는 길가의 한국 젊은이가 하는 카페는 번창하고 있으리라. 외외테낭고 커피 맛은 잊을 수 없고.

아띠뜰란 호수

파나하첼에 머무르면서 산책길에 늘 호수에 가곤 했다. 이른 아침 산책길에는 호수 주위의 고요함과 서늘함에 매료되었고, 한낮에는 호수로 가는 길가의 상점들에 걸려 있는 현란한 색들의 옷과 갖가지 기념품, 목각으로 만든 전통적인 문양의 조각품들과 가면들을 구경하면서 복잡한 시장길을 돌아다녔다. 저녁에도 호수 주위에서 즐겁게 장난치며 노는 아이들을 보면서 산책했다.

이른 아침의 호수 물빛은 얼마나 상큼하고 싱그러운지 깊은 물 속까지 투명하게 보일 지경이다. 한낮의 물빛은 얼마나 짙푸르고 깊은지…, 한참 들여다보고 있으면 물속에서 부르는 소리가 들린다. 해질녘 호수 물빛은 더 이상 말할 필요조차 없다. 하늘빛을 담고 검게 물들어가는 호수를 보고 있으면, '그래 이건 이 세상이 아니구나!' 소리가 절로 나왔다. 이렇게 아침은 아침대로, 낮은 낮대로, 저녁에도 역시 아름다운 호수의 물빛을 탐닉했다. 훗날 이 호수를 다시 찾아온다면 지금 느낌 그대로를 또 느낄 수 있을까? 시차를 두고 똑같은 장소에 방문했을 때, 처음에 느꼈던 경이로움을 그대로 느낄 수 있을지 모르겠다.

선착장에서 호수를 바라보면 주변에 3천 미터가 넘는 화산들이 호수를 둘러 감싸고 있는데, 아주 멀게 느껴져서 바다라고 생각될 정도다. 호수 주변에는 산마르코, 산티아고 아띠뜰란, 산 페드로 라 라구나, 산타카타리나, 팔로파 등 작은 마야 전통 마을들이 모여 있다.

파나하첼의 선착장에는 이들 마을로 가는 관광객을 실어 나르는 보트가 수시로 출발하고, 들고나는 관광객들로 몹시 분주하여 호수 주변의 전통 마을을 둘러보는 거점 도시 역할을 잘 수행하고 있다.

어느 마을에 가건 인디오의 고유 민속이 잘 보존되어 있고, 사람들도 마을도 현대적인 모습은 별반 보이지 않는다. 이 지역은 1년 내내 날씨가 쾌적하고 물가도 싸다. 음식값도 스테이크가 우리 돈으로 4, 5천 원 정도여서 호스텔이나 게스트하우스에 가면 호수를 떠나지 못하고 몇 달씩 한가하게 시간을 보내는 여행자들이 많다.

모두 행복한 사람들이다. 이들의 얼굴을 보면 정말 평온 그 자체다. 쫓기는 일도 없고, 급하게 처리해야 할 일도 없고, 신경 쓸 일도 없다. 제멋대로 길게 자라난 수염, 편안한 옷차림에 편안한 신발. 서늘한 날씨에 습도도 없고, 겨울에도 햇볕이 따스하니 두꺼운 옷도 필요 없고, 정말 모두 행복한 배낭족들이다. 이들 무리에 섞여 홀홀 모든 짐을 털어버리고 호숫가에 머물지 못하는 내가 어리석게 느껴진다.

얼마나 오랜 세월이 흘러 휴화산 속에 이렇게 거대하고 깊은 호수가 생겨났을까? 얼마나 많은 이야기를 호수는 담고 있을까? 언제나 호수가 들려주는 이야기를 다 들을 수 있을까?

여행자들은 너 나 할 것 없이 이곳을 지상의 천국이라고 이른다. 누구에게나 편안하게 휴식을 취하게 함이리라.

나중에 가이드북을 찾아보니 아띠뜰란은 8만 4천 년 전의 화산 폭발로 생긴 분화구에 만들어진 호수라고 한다.

선착장에서 30분 정도 보트를 타고 작은 인디오 마을 산 페드로로 갔다. 선착장에서 내려 가파른 언덕을 한참 올라가야 했다. 툭툭이도 있었지만 마을 꼭대기까지 걸어서 올라갔다.

길거리는 거의 상점들로 여행사도 있고, 식당·갤러리도 있다. 주민들은 거의 인디오 전통 복장을 하고 있어 옷을 잘 입었는지는 모르겠지만 어딘가 빈한한 느낌을 받는 것은 나의 편견인지도 모르겠다.

시장통이라 길거리는 복잡하긴 하지만, 그 사이에서 뛰노는 아이들의 모습은 천진난만하고 귀엽다. 어디를 가나 아이들의 모습은 늘 웃음을 자아내어 좋다.

재래시장에는 어김없이 길거리에서 바구니나 좌판을 놓고 물건 파는 사람들로 걸어 다니기가 좀 힘들 정도다. 어느 나라를 가건, 어느 도시를 가건 재래시장의 모습은 비슷하다. 물건을 흥정하는 사람들로 복잡하기 마련이며, 사람들의 모습은 생활에 허덕이는 얼굴이지만 그래도 밝고 선해 보인다. 뭘 사건 얼굴 하나 가득 웃음을 보인다.

여기저기 먹을 것도 많이 보인다. 다 사서 먹고 싶다. 해는 중천에
떴고, 다리도 아프다. 꽤 가파른 언덕길을 한참 올라왔고, 마을 중심
부도 높은 지역에 자리하고 있다.

　과일과 빵을 사 들고 멀리 보이는 교회로 갔다. 교회 정원에는 의
자도 있고 제법 꽃들도 피어 있어 점심을 먹기에 적당한 장소다. 정
원에서 꽃을 보고, 건너편 길거리에 이어져 있는 집들도 구경하며
하늘도 쳐다보고, 멀리 보이는 호수도 바라보면서 뭐 특별할 것 없
는 교회의 정원이고 전통 마을이었는데, 그 속에서 뭔가 특별함을
애써 찾으려는 내가 좀 의아하게 느껴졌다.

　이 인디오 주민들에게는 그냥 일상적인 풍경이고 마을이고 시장
이고 교회인데, 특별한 의미를 찾으려는 나는 도대체 이곳에서 몇
백 년 전 과거의 모습을 지금 보고자 하는 것인가. 현실을 현실 그대
로 그냥 보면 될 텐데 어떤 어리석은 모호함 속으로 나를 끌고 가는

것은 아닌지.

마을의 정상까지 올라가니 마을 전체가 내려다보이고, 호수도 한껏 파랗게 펼쳐져 있다. 잔잔한 수면 아래 무엇이 있을지 궁금하다. 가파른 길이라 올라갈 때는 힘들었는데, 선착장까지 내려가는 길은 어이없게 한 걸음일 정도로 가까웠다.

올라올 때 눈여겨 봤던 갤러리에 들러 이 지역 화가의 그림을 살펴볼 기회가 있었다. 당연히 화가의 이름도 생소하고 그림도 생소하다. 다만 이 지역의 정서가 녹아 있으리라는 느낌은 있었지만, 기념품도 사지 않고 발걸음을 돌렸다.

선착장 음식점에 들러 호수에서 잡은 생선으로 만든 이름 모를 생선요리로 저녁을 먹는 둥 마는 둥 호수에만 관심이 갔다.

작은 인디오 마을로의 일일 소풍이었다.

파나하첼에서 버스로 세 시간을 달려 도착한 과테말라의 옛 수도 안띠구아는 오래된 건축물이 아름다운 고즈넉하고 조용한 도시다. 오전이었는데 거리에는 별로 다니는 사람이 없었고, 상점들도 문을 열었는지 말았는지 주인도 보이지 않고, 불도 꺼져 있다. 식당들도 한가하고 한산하긴 마찬가지다.

파스텔톤의 다양한 색으로 칠해진 건물들은 정오의 그림자가 특히 아름다웠다. 사람이 아니라 건물들이 모두 졸음에 빠져 있고, 시계는 오래전에 멈춰 서서 이 도시에는 아예 시간이 흐르지 않는 듯했다. 이름 그대로 옛 수도다.

과테말라의 옛 수도
안띠구아

잘 정돈되어 있는 돌길은 반들반들하여 색이 변한 곳도 있고, 이끼가 낀 곳도 있다. 16세기 스페인에 의해 건설되어 200년간 번성했다가 식민지 시대의 화려한 건축들도 지진으로 허물어지고 돌무더기 성당들만 남아 있다. 고풍스러운 주택들만 옛 모습을 간직한 채 긴 잠에 빠져 있다.

이 아름다운 돌길을 얼마나 걸어보고 싶었던가.

아무리 걸어도 도시는 잠에서 깨어날 줄 모른다. 바둑판처럼 나뉜 거리를 동서로, 남북으로, 중앙공원으로 나도 역시 시간을 잊어버린 채 종일 걷기만 했다. 투명하고 깨끗한 공기를, 내리쬐는 따가운 햇볕도 잊어버린 채.

오늘은 중앙 광장도 복잡하지 않고 조용하기만 하다. 야트막한 집들이 연이어 있는 아메리카에서 가장 오래되고 아름다운 옛 도시 중 하나라는 수식어는 나를 매혹시키기에 충분했다. 화려한 건축물은 없고 식민지 시대의 예술적인 건축물은 남아 있지 않지만, 일반 서민들이 옹기종기 살고 있는 아기자기한 집들이 죽 늘어선 좁다란 길들은, 그 초라함과 고풍스러움이 어울려 풍겨 내는 아늑함은 여행자의 낭만적인 생각을 충족시켜 주기에 충분했다.

모퉁이를 돌면 또 역시 비슷한 모습의 골목길이 이어지고, 어쩌다 마주치는 원주민은 현대의 도시인 같은 느낌은 없다. 현대의 찌를 듯이 높이 솟아 있는 빌딩 숲을 거니는 것도 물론 그대로의 매력이 있겠지만, 키 작은 지붕들이 어깨를 겨루고 끝없이 이어져 있는 좁은 거리를 거니는 것은 여기저기 묻어나는 세월의 때가 우리를 전혀 다른 세상으로 이끌고 가기 때문에 다른 방식으로 우리를 매료시킨다.

시간이 멈춘 이곳에서는 삶의 양식이나 모습이 식민지 시대와 별로 달라진 게 없는 것처럼 보인다. 변화를 필요로 하지도 않고 느리게 느리게 살며, 특별한 욕망이나 욕심도 없어 보인다. 길거리의 레스토랑이나 상점들이 이곳 물가에 비해 가격이 높은 것은 관광객을 상대로 하는 것이기에 그렇기도 하겠지만, 특별히 경쟁적인 자세도 보이지 않았다.

저렴한 가격에 스페인어를 배울 수 있다는 소문으로 유명한 이 도시는 결국 스페인어 학교와 관광객으로만 먹고산다는 얘기인데, 그럼에도 삶의 속도가 이다지도 느리게 느껴지는 것은 뜨겁고 찬란한 햇볕과 농사일 때문일까.

지진으로 무너졌다가 재건된 대성당이나 수도원들은 그래도 옛 모습을 간직한 채 서글픈 모습으로 우울하게 거리를 내려다보고 있다. 성당 담벼락에 모여 이것 저것 관광기념품을 팔고 있는 현지인의 모습도 햇볕 속에 하나의 조각품처럼 보인다. 반복되는 지진 속에서 남아 있는 이들의 모습이, 건축이나 사람이나 회랑의 음울한 그림자 속에 아득한 시간의 저편으로 사라지는 것 같다. 언제나 이 긴 잠에서 깨어날 것인가.

식민지 박물관의 정원에 화려한
색을 자랑하는 꽃들이 활짝 피어 있
다. 식민지 시대의 영광과 그 허망함
을 기억하고 있는 것일까?

이 골목 저 골목 한참 걸어 다니다 보니 익숙한 간판이 눈에 들어온다. 이런 곳에도 맥도날드가 있다니, 반가움에 얼른 들어갔다. 입구가 좁아 보여 내부도 작은가 했더니 그게 아니다. 실내는 테이블이 수십 개나 되었고, 더 놀라운 것은 안쪽으로 넓은 정원이 있다. 이렇게 넓고 아름다운 정원을 가진 맥도날드라니! 세계 어느 곳에서도 못 봤던 아름다운 맥도날드다.

나도 정원에 자리를 잡고 한참 앉아 있었다. 역시 현지인들도 아이들을 데리고 군데군데 앉아 있고, 관광객들도 제법 앉아 있다. 모여서 사진을 찍는 사람도 있고, 테이블 한켠에 조용히 앉아 책을 보는 외국인도 있다.

아이들과 함께 온 원주민 여성은 눈이 마주치자 수줍게 웃는다. 나도 같이 웃음을 보냈다. 아이들이고 엄마고 얼굴은 햇볕에 그을려 검고 거칠어 보인다. 옷차림도 전통적인 원주민 옷이다. 삶의 고단함과 초라함이 그대로 드러나 있다. 그런데도 표정은 밝고 건강하다. 그들이 내게 얘기하고 있다. 삶이란 어떻게든 견디어 나가는 거라고. 정말 삶이란 다만 견디어 나가는 그 무엇에 불과한 것일까?

삶이 진정으로 변화하기 위해서는 강한 내적 동기를 필요로 한다. 그것이 없으면 삶은 결코 변화하지 않는다. 주거 환경에도 변화가 와야 삶의 양식에도 변화가 온다.

과테말라에서는 한국 식당을 보기가 힘든데, 이곳 안띠구아에 있다고 해서 이 골목 저 골목 물어물어 왔던 길 몇 번 지나가고 해서 숨어 있듯 있는 식당을 찾았다. 'MISO'라는 상호였는데, 고생한 만큼 보람이 있지는 않았다.

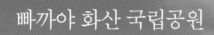

빠까야 화산 국립공원

안띠구아에서 가까이에 있는 빠까야 화산 국립공원을 볼 수 있는 투어가 있어서 참가했다. 2010년에도 화산이 폭발하여 이재민이 수천 명이었고, 항공편도 마비되었던 뉴스가 기억에 남아 있다.

산기슭을 조금 올라가 매표소 근처에서 등산객들을 모아 놓고 주의사항을 알려 주었다. 다양한 인종으로 뒤섞여 있어서 '국가'는 무의미하게 느껴진다. 스페인어로만 설명을 하니 알아들을 수 없어 기념품 가게나 기웃거리고 딴짓만 했다.

대략 해발 1천900미터에 있는 작은 마을에 도착하여 본격적으로 등산을 하게 된다. 마을의 많은 사람이 조랑말을 끌고 와서 산행이 어려운 사람들이 탈 수 있도록 대기하고 있다. 처음부터 흥정해서 말을 타고 가는 사람들도 더러 있다. 나는 호기롭게 '걸어서 올라간다!' 속으로 큰소리를 치고 용감하게 산기슭을 올라갔다.

나무가 무성하여 가파른 산길을 기어 올라가다 보니 그 많은 무리 중 내가 맨 마지막에 있다. 해발 2천 미터 이상에서는 숨도 차고, 올라가는 게 여간 힘든 게 아니다.

　　내 옆에는 열 살 정도로 보이는 아이가 계속 말을 끌고 따라온다. 아무래도 이 사람이 끝까지 올라가지 못하고 말을 탈 수밖에 없다는 걸 알고 있는 듯 내 얼굴만 보면서 쫓아온다.

　　해발 2천200~2천300미터쯤에 이르러 걸음을 옮길 수 없어 막바지에 결국 포기하고 말을 타게 되었다. 얼마 타지 않아서 다 올라왔지만 그래도 소년의 말 덕분에 올라왔으니 산 아래서 처음부터 타고 온 가격을 지불하고, 말먹이 값도 덤으로 주었다. 소년의 엄마도 그 옆에서 다른 말을 끌고 있었다. 학교에서 공부할 나이인데 집안일을 돕고 있는 것이었다.

말에서 내려 산 주위의 경치가 아름다워 경탄했다. 그런데 바로 코앞 가까운 화산에서 뿜어져 나오는 연기를 보니 신기하기도 하고 두렵기도 하다. 모여 있는 사람들이 다들 감격스러운 소리를 질러댄다. 산꼭대기에서 뿜어져 나오는 수증기인지 연기인지를 보고 있으니 독하게 느껴지는 유황 냄새도 그만 잊어버리고 만다.

산에서 마주 보이는 해발 3천760미터의 아구아 화산 중턱에 구름이 띠를 두르고 있다. 그 뒤로 보이는 후에고 화산도 아직 활동 중이라고 한다. 과테말라는 아직도 활동하고 있는 화산이 많고, 지진도 자주 일어나는 나라다. 지금도 용암이 분출되고 가스와 화산재가 날려 많은 어려움이 있지만, 또한 훌륭한 관광지이기도 하다.

조금 아래쪽으로 내려오니 흘러내린 용암으로 검고 딱딱하게 군은 지역이 넓게 퍼져 있다. 걷기에 상당히 불편하다. 그런데 구멍이 숭숭 뚫린 곳으로 뜨거운 기운이 올라와 사람들이 모여 앉아 마시멜로를 구워서 맛있게 먹고 있었다. 안내원이 쇠꼬챙이에 끼운 마시멜로를 내게 건네준다. 옆에 앉아 마시멜로를 적당히 구워서 먹어 보니, 이건 또 새로운 맛이다. 땅에서 올라오는 열기에 땀이 줄줄 흐른다.

항상 오르막길이 힘들지 하산길은 그닥 힘들지 않다. 발걸음도 가벼웠고, 눈에 들어오는 풍경도 해발 3천 미터 이상의 산들이 둘러싸고 있어, 아기자기하고 온화한 우리나라의 풍경과는 상당히 다른 모습이어서 마음속에 그 경이로운 모습들을 담느라 정신이 없었다.

이제 우주선을 타고 지구 밖으로 여행할 수 있는 상품이 판매되는 시대가 되었다. 이런 시대에, 지구상에 더 이상 신세계 발견이나 대륙 탐험을 위한 모험이라는 낱말은 어울리지 않을지도 모른다. 아프리카의 오지 마을이나 남미의 끝자락에 가도 관광객들의 발길이 닿지 않는 곳이 없다. 어디를 가건 와이파이가 터지고, 인터넷으로 검색해서 목적지를 쉽게 찾아갈 수 있는 그런 시대에 살고 있다.

그렇다고 우리가 소박한 모험조차 포기할 수 있는 것인가.

어찌 되었건 내 집을 떠나 좀 더 넓은 세상으로 나가서 하늘 아래 새로운 것은 없다 할지라도 지금까지 겪지 못했던 낯선 환경에서 여러 가지 일을 새롭게 몸소 부딪쳐 보는 것이다. 정말 낯선 사람들과의 부딪침. 이름도 생소한 마을에 도착하여 이제부터 어떻게 할 것인가, 어디서 먹고 어디서 잘 것인가 하는 문제 등등. 이런 문제들에 직접 부딪치게 되면 잠자리나 음식, 화장실 사용의 불편함을 느끼는 몸의 문제를 떠나서 정신의 탄력성 문제가 아닐까. 이러한 정신의 탄력성이 이 시대에 접할 수 있는 소박한 모험이 아닐까.

절망에 빠져 있는 그 누군가,

꿈이 없다고 꿈을 잃었다고 말하는 그 누군가,

살고 싶지 않다고 우울증에 빠져 있는 그 누군가에게 여행을 권하고 싶다.

정신의 탄력성을 얻을 수 있는, 그러면서 이 세상이, 자연이, 지구가 얼마나 아름다운가를 몸소 느끼고 몸으로 부딪쳐 실감한다면 그 누군가의 삶에도 활력과 생명이 넘치고, 희망과 꿈을 찾게 되지 않을까?

산속의 작은 마을 랑낀

안띠구아에서 조용하고 한적한 산골 마을인 랑낀으로 향했다. 가는 길이 험한 비포장도로여서 정확한 시간은 예측할 수 없고, 도로 사정에 따라 달라진다고 한다. 버스로 대략 열두 시간을 예상했다. 당연히 버스는 이른 새벽에 출발한다.

한낮에도 잠에 빠져 있는 듯한 안띠구아의 이른 새벽은 그야말로 깊은 잠에 빠져 있어 '언제 깨어나기는 할까' 하는 의구심이 들 정도다.

버스는 여러 호텔을 돌며 예약한 여행자들을 태웠다. 정말 어떤 여행자는 자다가 뛰쳐나온 듯한 모습인 채다. 모두 안띠구아의 그 나른함과 한적함에서 벗어나지 못한 탓이리라.

버스는 구불구불 산길을 가기도 하고, 나무가 울창한 고산을 넘기도 하고, 계곡을 돌아돌아 천천히 달렸다. 어둑한 이른 새벽길의 졸린 눈에도 험한 지형임을 알 수 있었다.

다섯 시간을 조금 넘게 달려 코반에 도착했다. 코반 중심가에는 제법 현대식 건물과 커다란 상점도 있고, 2층 정도 높이의 쇼핑몰도 있다.

버스를 점검한다며 쉬는 시간을 주어 쇼핑몰에 들어갔다. 반가웠다. 맥도널드도 있고, 피자헛도 있다. 18세기 어느 마을에 있다가 21세기 문명 세계로 온 듯한 느낌이다. 제법 넓은 마켓에서 먹을 것도 좀 사고, 신고 있던 운동화가 낡아서 말썽을 부리기에 신발가게에 들어갔다. 운동화를 집었는데, 과테말라산이 아니고 모두 미국산이다. 운동화는 감청색과 회색을 골라 놓고 망설이다가 회색을 선택했다. 기분 좋게 신발을 갈아신고 피자가게에서 커피를 맛있게 마셨다. 버스가 있는 곳으로 향하다가 급하게 발길을 돌려 신발가게로 뛰어 들어가 감청색 운동화도 사서 들고는 버스 놓칠세라 달리기를 했다. 운동화는 너무 편안하고 가벼웠다.

버스는 다시 랑낀을 향해 달렸다. 도시를 벗어나니 창밖으로 화려한 색깔의 온갖 꽃들이 피어 있는 계곡과 산기슭의 노란 꽃나무들이 인상적이다.

랑낀으로 가는 길도 비포장도로다. 구불구불한 산길을 지나 울퉁불퉁한 경사로의 험한 산길을 몇 시간 달려 예약한 숙소에 도착했다. 때는 이미 늦은 저녁이었다. 숙소는 산속에 있어서 가방을 메고 롯지의 로비까지 올라가는 길도 만만치 않았다. 산속에 군데군데 숙소가 있었는데 롯지는 나뭇잎을 엮은 지붕에 벽 처리와 기둥도 모두 나무로 되어 있고, 침대 역시 나무로 만들어 간소했다.

워낙 시골이어서 롯지의 전기 사정은 좋지 않았다. 자가발전이었고, 와이파이는 방에서는 안 되고 로비인 레스토랑에서만 가능했다. 여행자들이 충전하느라 길게 줄을 섰다. 로비의 직원이 밤 열 시에는 전등이 꺼진다고 알려 주었다.

아침에 국립공원인 '세묵 샴페이'에 가기 위해 일찍 일어나니 숙소 아래 강물이 흐르고, 온갖 명랑한 새소리에 계곡 물소리까지 시원하게 들려왔다. 어제는 밤이 늦어서 볼 수 없었던 풍경들이 눈에 들어왔다. 울창한 숲 한가운데에 있었던 것이다.

랑낀에서 세뭇 샴페이까지 비포장도로를 또 한 시간가량 달려야 했다. 산골 마을의 교통편은 버스도 없고, 트럭 뒤에 서서 가는 닭장차밖에 없었다. 현지인들과 함께 트럭을 타고 산길을 달리는데 덜컹거릴 때마다 넘어질 듯하여 여간 무서운 게 아니다. 철제로 된 난간을 꼭 붙잡고 있지 않으면 난간 밖으로 튕겨 나갈 지경이다. 주위의 멋진 풍경은 눈에 들어올 새도 없고, 사진을 찍으려고 카메라를 들이대는 것은 언감생심, 생각도 할 수 없다. 게다가 갑자기 소나기가 쏟아져서 우산을 쓸 수도 없고, 고스란히 비 맞은 개처럼 꼴이 말이 아니다. 그 통에 카메라가 비에 젖지나 않을까 노심초사, 내가 비 맞는 건 문제도 아니다.

비가 그치고 정신을 좀 차린 후 마을을 보니, 산비탈을 따라 이어진 골목길에 작은 집들이 눈에 들어왔다. 비탈에는 바나나밭도 있고, 옥수수도 많이 자라고, 카카오도 보인다. 좁은 외길의 산길을 달리는데 나뭇가지가 얼굴을 후려쳤다.

공원 입구의 음식과 물을 파는 상점을 지나 산길을 오르니 바로

원시림이다. 가파른 산길을 천천히 한 시간 걸려 전망대에 오르니, 옥 빛깔의 물이 계단식으로 흐른다. 올라오던 길과 다른 방향으로 산비탈을 내려오면 바위를 타고 쏟아지는 폭포를 볼 수도 있고, 계단처럼 층을 이룬 자연 수영장을 군데군데 만날 수 있다.

현지인들은 빨래도 하고, 물놀이하는 아이들 소리도 즐겁다. 여행자들도 수영하며 환호를 한다. 물은 너무 맑아서 바닥이 훤히 들여다보이고, '모하라'라는 물고기도 쉽게 눈에 띈다. 강을 따라 튜브를 타고 물살을 따라 떠내려가는 리버 튜빙을 하며 소리 지르는 사람도 있다. 정말 말 그대로 깊은 산속에 숨어 있는 휴양지다.

나는 수영도 겁나고 리버 튜빙도 겁나고, 조용히 숲속을 산책했다. 나무와 이끼, 풀 들이 우거진 깊은 숲길이다. 아무도 없는 길을 한참 걸어가니 여행자 하나가 담배를 피우고 있다. 그쪽으로 걸어가니 그가 내게 담배를 건넨다. 아마 나도 저처럼 담배 생각이 나서 숲속에 들어온 줄 아는 모양이다. 실망시키지 않으려고 담배를 받고 불까지 받았다. 그러자 그 여행자는 날 혼자 남겨두고 저쪽으로 가버렸다. 숲을 둘러보니 아무도 없다. 혼자 담배를 즐기라는 얘기다.

나는 찬찬히 주위를 둘러보았다. 깊은 숲속에 들리는 새소리, 그리고 경쾌하게 흐르는 물소리, 나뭇잎을 스치는 바람 소리. 하늘을 올려다보니 까마득한 원시림 속에 조화를 이루며 들려오는 온갖 소리들.

아, 이건 신의 음성이 아닐까?

가볍게 불어오는 바람은 신의 숨결일까?

내 머리를 스치는 나뭇잎은 신의 손길이 아닐까? 내 머리를 찬찬히 쓰다듬는 손길, 나를 위로하려는 듯.

이럴 때 신의 음성을 기록해야 하는데, 스마트폰 메모장에 재빨리 기록해야 하는데…, 마음이 조급해진다.

세묵 샴페이의 뜻 그대로 '성스러운 물'을 뒤로하고 숙소에 오니 늦은 저녁이다. 바에는 여전히 충전하려는 여행자들로 왁자지껄하다.

오늘 새로 도착한 여행자들이 눈에 띄었다. 국적은 모르겠는데 프랑스어를 쓰고 있다. 20대 젊은 남녀 대여섯 명이 함께 여행 중인 모양이다. 다들 키도 크고 인물도 좋고, 금발의 젊은 남자는 스타일도 좋았다. 바에서 떠들면서 즐겁게 얘기하는 모습, 보기만 해도 기분이 유쾌해진다.

충전이 끝나고 숙소로 돌아오니 계곡 물소리가 가깝게 들린다. 하늘을 쳐다보니 별빛이 가득하다.

아, 이건 신의 눈빛이야. 신은 이렇게 아름다운 자연의 모습으로 다양하게 자신의 모습을 드러내는구나!

숙소 앞 의자에 앉아 있는데 금발의 젊은 남자와 여자가 1인용 좁은 샤워장에 함께 들어간다. 어차피 여기서는 공동 화장실에 공동 샤워장이다. 여럿이 여행하다 보니 둘이 함께 있을 시간이 부족한 모양이다. 샤워장에서 물소리는 들리지 않고 한참 있다가 둘이 함께 나온다. 못 본 척 다른 쪽을 봤다.

그래 인생은 한순간이야. 젊음은 너무 짧고, 늙음은 너무 빨리 오지. 즐길 수 있을 때 마음껏 즐겨야지. 젊음에 축복을!

밤이 깊어지니 전등도 꺼지고 밤하늘의 별빛은 더 초롱초롱하다.

오늘 밤은 신의 눈빛에 빠져 밤새도록 헤엄치기를!

플로레스

작은 마을이라 조용하기만 했던 랑낀을 떠나 플로레스로 향했다. 도로 사정이 좋지 않아서 꼬불꼬불한 험한 산길을 버스는 힘들게 가는데 계속 비가 내려서 창밖을 제대로 볼 수도 없고, 열 시간을 지루하게 보내면서 늦은 저녁에 플로레스에 도착했다.

플로레스에서 멀지 않은 정글 지역에 현존하는 마야 유적 중 가장 대표적이라 할 수 있는 티칼 유적이 있어서 마을에는 크고 작은 호텔, 민박 등 여행객을 위한 숙박 시설이 넘칠 정도였다. 내가 찾은 숙소는 민박집인데 이층집 옥상의 가파른 철제 계단을 올라가야 하는, 그야말로 옥탑방이다. 배낭을 메고 2층에 올라와서 다시 철제 계단을 올라가니 '아이구!' 소리가 절로 나온다.

그런데 방에 들어와서 방문을 연 채 침대에 앉아 보니 바다처럼 드넓은 페텐이트사 호수가 눈앞에 펼쳐진다. 전망이 이렇게 좋을 수가! 힘들게 올라온 보람이 있구나.

2층 옥상에도 널찍한 공간이 있어서 의자도 몇 개 놓여 있고, 빨랫줄도 넉넉히 길게 매달려 있다. 묵은 빨래도 할 수 있고, 호수는 끝없이 파랗고, 전등 불빛이 하나둘 들어와서 반짝거리고…, 이렇게 좋을 수가 있나! 호수를 바라보며 혼자 끝없이 감탄했다.

어둑한 어스름에 호숫가를 산책하는데 마을 사람은 보이지 않고 조용하기만 하다. 불이 켜져 있는 식당도 손님이 있는지 없는지 조용하고, 기념품을 파는 상점도 불빛만 반짝일 뿐 조용하다. 기념품을 사려고 가게에 들어가서 한참 구경하고 있으니 안쪽에서 겨우 사람 소리가 난다.

아침 일찍 다시 호숫가를 산책하는데
역시 조용하고 물도 깨끗하다.
날이 흐려져 그런지 더 한산한 느낌이다.

옥탑방에서 하루 종일 아무것도 하지 않고 호수만 바라보고 있어도 더할 나위 없이 좋은 날이지만, 울창하게 우거진 열대 정글 속에 감추어져 있는 듯 숨어 있는 티칼 유적지를 놓칠 수는 없다. 햇빛이 쨍쨍 나지 않아서 넓은 유적지를 돌아다니기에는 좋지만, 사람도 별로 없고 음산해서 길을 잃었다가는 조금 무서운 느낌이 들 수도 있다.

유적지 입구에 '세이바'라고 하는 과테말라를 상징하는 나무가 먼저 여행자를 반갑게 맞아 준다. 껍질이 하얗고 맨질맨질한 느낌이 신성하게 느껴졌다.

1696년에 에스파냐인 선교사 안드레스 아벤다뇨가 원주민에게 쫓겨 도망치다가 정글 속에서 우연히 이 폐허가 된 유적지를 보았다고 한다. 멕시코와 국경을 맞대고 있는 과테말라 북부 지역은 거대한 열대 우림으로 뒤덮여 있는데, 벌목과 개발로 울창한 수목에 불을 질러 태워버리고 방치되어 있다가 가축의 목초지 정도로 전락하게 되었다. 이렇게 해서 열대 우림의 3분의 1이 파괴되었다고 한다.

1950년대에 들어와 본격적으로 발굴 조사를 벌여서 아직도 복원 공사를 하고 있는 '재규어의 신전'을 비롯해 피라미드군과 화려한 궁전, 경기장, 묘실, 묘비, 제단, 광장, 도로 등 3천 점 이상의 건축물과 유적 터가 발견되었다고 한다. 티칼의 신전 도시는 세계 최대의 규모를 자랑하는 고고 유적지다.

광장에 있는 커다란 신전 앞에서 마침 원주민들의 종교의식을 볼 수 있었다. 불을 피워 놓고 원형을 이룬 사람들이 원을 돌며 기도하고 춤추는 듯한 동작도 보였는데, 이 의식을 한나절 이상 행하고 있어서 끝까지 지켜보기는 어려웠다.

정글 한가운데에 있는 피라미드 꼭대기에 올라가니 신전 전체가 한눈에 들어온다. 피라미드가 제법 높아서 난간에 앉아 있기가 겁났지만 눈앞에 펼쳐져 있는 숲의 바다에는 감탄사가 저절로 나왔다. 그야말로 나무의 바다, 숲의 바다가 바람에 물결치고 있었다. 어디서도 볼 수 없는 풍경이다. 그 한가운데 신전이 마침 돛을 달고 먼바다를 항해하는 배처럼 멋진 위용을 자랑하고 있다.

티칼에서 발굴한 건축물 유적 중 가장 오래된 유적은 기원전 200년의 것으로 확인되었다. 기원전 600년경에 이미 이곳에 사람들이 정착해서 살았다고 추정한다. 상상도 할 수 없는 세월이다.

나무 물결이 출렁이는 우듬지의 꿈.

현실인지 환상인지 우듬지가 출렁이는 풍경은 뭐라고 이름을 붙이면 좋을까? 어떻게 이름을 지을 수 있을까, 까마득한 고대의 기억이 살아 숨 쉬고 있는 이곳을.

하늘을 올려다보아도 나무들이 하늘을 가득 뒤덮고 있다.

여행은 현실에서 환상으로의 이행이 아닐까?

유령들의 광장
팔렝케

플로레스의 페텐이트사 호숫가 조용한 마을에서 하루의 반나절 이상 물가를 산책하거나 방안에서 호수를 멍하니 바라보기만 하는 것으로도 마음이 지극히 평온해져 편안하게 지냈던 시간을 뒤로하고 다시 멕시코로 향했다.

여덟 시간가량 버스를 타고 국경에 도착하여 보트를 타고 폭이 그리 넓지 않은 강을 가로질러 멕시코 국경 엘 세이보에 도착했다. 검색은 생각보다 까다롭지는 않았고, 배낭을 다 펼쳐서 살펴보기만 했다.

닥지닥지 붙은 구멍가게들과 잡상인들로 어수선한 국경에서 미니버스를 타고 팔렝케 시내로 들어와 바로 숙소를 찾아들었다. 큰 도시는 아닌데 도로가 좁아서 교통은 혼잡했고, 좁은 거리에 상점들이 연이어 있어 인도도 편안하게 걸을 수 없었다. 거리에 보이는 상점들은 현지인을 상대로 하기보다는 관광객을 상대로 하는 대부분 좀 썰렁한 느낌이었다. 옷가게에 들어가서 구경을 하다가 청바지라도 살까 하고 살펴보니 내게 맞는 사이즈는 없고, 모양도 동양인 체형의 옷은 아니다.

숙소로 정한 호텔은 규모가 커서 1층 전체가 정원인데 사면이 모두 회랑으로 되어 있고, 회랑 벽에 프리다 칼로의 그림이 10여 점 걸려 있다. 물론 복사판이기는 하지만 제법 커다란 그림들이 벽을 장식하고 있어서 천천히 살펴보는 것도 즐거웠다. 정원 한쪽의 수영장에서는 누군가 홀로 수영을 하고 있다. 더운 모양이다.

다음 날 일찍 팔렝케 유적지에 갔다. 12월이지만 햇볕은 강해서 우리나라의 여름과 별 차이가 없어 모자만으로 햇빛을 피하기는 어려웠다. 팔렝케는 에스파냐어로 '울타리에 둘러싸인 성역'이라고 한다. 국립공원 안 분지에 자리 잡고 있다.

정글 속 구릉을 따라 오르락내리락하다 보면 기원전 300년경까지 올라가는 팔렝케 유적지를 만날 수 있다. 6세기 파칼 왕 시대 부흥기를 누렸고, 8세기까지 번성했다. 통치 기간 동안 '비문의 신전'을 비롯해 많은 광장과 건축물을 지었다.

이 시기에 유카탄반도 남부와 과테말라까지 각 지역에서 마야의 도시국가들이 세력 경쟁을 했다. 10세기 말경, 멕시코만 연안에 살던 이민족의 침략을 받고 팔렝케는 방치된 채 번식력과 생성력이 강한 열대의 풀과 나무로 뒤덮여버렸다. 약 800년 동안 정글 속에 묻힌 채 사람들의 눈에 띄지 않았다.

유적지 입구에서 한참을 걸어와 광장의 나무 그늘 아래에서 햇빛을 피하며 오른쪽을 보면 사람의 힘으로만 지어졌다고 하는 마야의 거대한 돌계단을 볼 수 있다. 바로 '비문의 신전'이다. 멕시코를 여행하는 사람은 거의 다 카메라에 담는다고 하는 신전. 유명세에 걸맞게 신전 앞 광장에는 관광객이 제법 있지만 워낙 넓어서 혼잡하지는 않다. 관광객을 상대로 손에 들고 다니며 물건을 파는 현지인들이 더 많은 듯했다. 10대로 보이는 여자아이에게 마야 달력을 매단 목걸이를 샀는데, 잠시 후에 남자아이가 똑같은 목걸이를 내가 지불한 돈의 반값을 부른다. 얼른 조금 전 물건을 판 여자아이를 찾아서 어찌 된 거냐 물어보니 순순히 돈을 돌려준다.

1784년에 발견된 팔렝케 유적을 조직적으로 발굴하여 조사하게 된 것은 20세기 이후이며, 지금도 계속 발굴하고 조사 중인데 발굴된 유적지도 일부분이라고 한다.

1952년 멕시코의 고고학자 루스 박사가 '비문의 신전' 내부에서 지하 묘실을 발견했다. 신전 지하에서 파칼 왕의 무덤을 발견한 것이다. 9층 피라미드 위에 지어진 신전 묘실에 파칼 왕의 무덤이 있다. 비문의 신전은 복원 공사를 하여 과거의 장엄하고 화려한 모습을 되찾았다. 정면의 계단을 올라가면 입구가 다섯 개인 기다란 신전이 나온다. 각각 문 옆 기둥에 돋을새김으로 아들을 왕위 계승자로 소개하는 파칼 왕이 묘사되어 있다.

중앙의 작은 방 벽에 600자가 넘는 마야 문자가 새겨져 있는데, 이것이 마야 문명에서 가장 중요한 문헌이라고 한다. 이 신전의 이름도 여기에서 유래되었다. 전문가의 해독에 의하면 파칼 왕가의 2세기에 걸친 역사가 기록되었다고 한다.

비문의 신전에서 발견된 지하 묘실은 고고학계에 커다란 화제를 일으켰으며, 마야 문명의 피라미드는 신전과 동시에 왕가의 무덤 기능도 갖고 있다고 판명되었다. 묘실에서 발견된 파칼 왕의 얼굴에는 비취를 모자이크로 맞춘 호화로운 가면이 있는데, 가면의 눈은 흑요석과 조개로 만들었다. 입에는 비취를 머금고 있다. 이 비취 가면은 멕시코시티 국립인류학박물관에 전시되어 있다.

비문의 신전에서 햇빛을 피해 조금 올라가면 돌기단 위에 지어진 '태양의 신전'이 있다. 힘들다 생각하지 말고 계단을 올라가면 안쪽 벽면에 146개의 마야 문자를 새겨 놓은 석판 장식이 있다. 지붕 위의 장식도 그 오랜 세월에도 불구하고 보존 상태는 좋은 편이다. 숲길을 따라 조금 더 올라가면 '잎의 십자형 신전'이 있다. 옥수수잎을 소재로 한 조각이 발견되어서 붙여진 이름이라고 한다.

비문의 신전 정면 광장에 조성된 천체 관측 탑이 있는 궁전으로 발걸음을 옮겼다. 안뜰 주위에 몇 채의 건물이 있고, 각각의 건물은 아케이드와 지하 통로로 연결되어 있다. 지하에는 수로가 있고, 목욕 시설의 흔적도 있다. 이 궁전의 중앙에 있는 4층 탑이 천체 관측에 사용된 것으로 추정된다고 한다.

1832년에 고고학에 심취한 오스트리아의 귀족 발데크가 2년에 걸쳐 작은 신전에 텐트를 치고 아내와 함께 생활하면서 마음껏 유적지 스케치를 했다. 이 신전은 '백작의 신전'으로 불린다고 한다. 현실에 낭만적 이상을 일치시키려 한 멋진 귀족이라고 해야 하나?

숲길을 따라 '십자형 신전'으로 갔다. 가파르고 높은 계단이다. 힘들지만 올라갔다.

계단 꼭대기에 앉아 정글 속에 조용히 숨어 있는 신전들을 본다. 강렬한 햇빛 속에 반짝이고 있다. 광장을 거닐고 있는 유령들이 느껴진다. 눈앞에 없어도 그 존재는 있는 듯. 우리는 늘 무의식중에 보이지 않는 근원에 이끌리고 있지 않나.

햇빛 속에 찬란히 빛나고 있는 신전들은 아직도 떳떳하게 그들이 신봉하는 신의 영광을 받들고 있으며, 신에게 보답하는 만큼 그 영광이 그대로 그들에게 비추어지고 있다.

우리는 얼마나 많은 것을 모르고 있는지.

현지 아이들 몇몇이 햇빛 속에서 장난을 치고 있다. 유령들의 광장을 걸어가는 동안 장난치는 아이들의 소리가 점점 작아진다. 십자형 신전 계단에 너무 오래 앉아 있었나? 기이한 일이다. 눈앞에서 벌어지는 모든 일이.

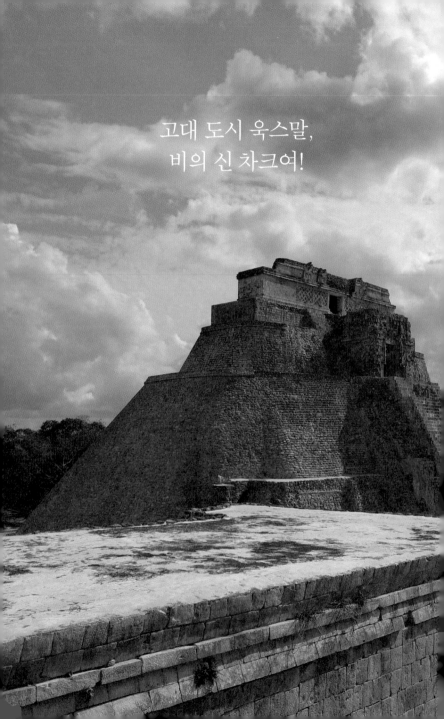

고대 도시 욱스말,
비의 신 차크여!

팔렝케에서 야간 버스를 타고 메리다로 이동했다. 아홉 시간가량 버스를 탔는데, 워낙 불면증이 있는 데다가 야간 버스 안이니 편안하게 잠을 잘 수 없는 것은 당연한 일.

아침에 도착하자마자 몽롱한 기분으로 숙소만 정해 놓고 메리다 시내를 어슬렁거렸다. 그래도 아침으로 맛있는 커피를 마셨으니 기운을 좀 차리고 중심가인 플라자 그랑데를 기웃거렸다. 그런데 다니는 사람들도 별로 없고, 거리는 한산하기만 하다. 가이드북을 살펴보니 메리다에서 70킬로미터 떨어진 곳에 고대 도시 욱스말이 있다. 멕시코 여행에서 고대 유적지를 찾아가는 것은 언제나 여행의 중심이고, 빼놓을 수 없는 중요한 일.

교통편은 욱스말로 가는 버스가 자주 있지 않아서 호기 있게 택시를 불렀다. "욱스말!" 하고 외치니 기사는 800페소(우리 돈으로 4만 5천 원 정도)를 불렀다. 아쉬운 쪽은 나다. 욱스말이 중요하니 돈 겁내지 말고 가자.

시내를 벗어나 인가도 보이지 않는 끝없는 들판 길을 마냥 달렸다.

　욱스말 표지판 앞에서 내렸지만 사람 하나 보이지 않았다. 기사가 길이 나 있는 쪽으로 걸어가라고 손짓을 한다. 큰길이 나 있기는 하지만 양옆으로는 울창한 밀림이다. 숲길을 따라 한참 걸어가니 사람들에게 모습 보이기를 거부라도 하는 듯, 울창하고 깊은 나무들의 바다에 섬처럼 떠 있는 고대 도시가 앞을 가로막는다.

　마야 문명이 가장 번성한 시기였던 600~900년, 유카탄반도 북부 푸크 지방의 욱스말도 전성기를 맞이하여 이 지역에서 탄생한 푸크 양식을 이용한 많은 건축물이 세워졌다. 유적지에 들어서자 바로 앞에 '마법사의 피라미드'가 우뚝 솟아 있다. 올라갈 엄두가 나지 않는 가파른 계단이 하늘을 향해 치솟아 있다. 모두 다섯 개의 신전이 있는데, 맨 위층의 신전이 5기 신전인 '마법사의 집'이라고 불린다. 신화에 의하면 마법사의 피라미드는 알에서 태어난 지 1년 만에 성인이 된 난쟁이가 국왕의 도전을 받아 하루 만에 완성했다고 한다. 바닥 면을 타원형으로 하여 모퉁이가 둥글게 되어 있는 모양이 독특하다.

　연말이어서 그런지 유적지에는 관광객도, 현지 상인들도 보이지 않고 너무 조용해서 이상할 정도다. 타임머신을 타고 몇 세기를 거슬러 다른 세상에 와 있다고 할까.

　아치형의 문을 지나가니 직사각형 광장의 둘레를 네 동의 건물이 빙 둘러 있다. 수녀원 건물이다. 에스파냐의 수녀원 건물과 비슷하다고 하여 붙인 이름인데, 규모가 제법 큰 이 건물군은 복구공사를 마쳐서 단정한 느낌을 준다. 신관의 주거지나 중요한 의식, 제사를 거행하던 장소로 추정한다.

　이 수녀원 건물은 작은 방이 죽 늘어선 평평한 지붕을 갖춘 직사
각형 건물이다. 외벽을 상하로 나누어 아랫부분에는 아무런 장식 없
이 평평하게 다듬은 돌을 붙여 놓았다. 윗부분에는 겉면에 회반죽을
발라 다양하게 조각하여 각각의 벽면을 장식하고 있다. 모자이크에
는 기하학적 문양도 있고, 비스듬한 격자무늬, 뱀, 재규어, 마야의 가
옥, 비의 신 차크의 얼굴이 도형처럼 규격화되어 있다. 이러한 건물
양식이 푸크 양식을 대표하는 고대 도시의 유적이 되었다.

건물 모퉁이에 차크의 얼굴이 위에서 아래로 규칙적으로 대칭을 이루어 새겨져 있다. 차크의 얼굴을 가만히 들여다봤다. 얼굴을 만지면 고대의 소식이라도 알려 줄 것인가. 얼굴에 거미줄이 얽혀 있다. 차크의 얼굴이 간지러움을 느끼는 듯하여 거미줄을 깨끗이 떼어 냈다.

수녀원 건물의 방들도 하나하나 둘러봤다. 곳곳에 이구아나가 돌아다녔다. 쌓여 있는 돌더미에도 이구아나, 복도에도 이구아나, 계단에도 이구아나, 광장에도 이구아나. 사진을 찍어도 도망가지도 않는다. 크건 작건 사실 좀 무서워서 비명을 질러 대지만 주위에 도와줄 사람도 없으니 소리를 질러도 소용이 없다. 그래도 무서워서 볼 적마다 계속 소리를 지르며 사진을 찍었다. 아무리 고대 유적지지만 이구아나가 집터로 삼아도 되는 것인가!

수녀원 건물을 나와 광장으로 오니 긴 공간을 사이에 두고 두꺼운 돌벽이 마주하고 있다. 고무공을 이용하여 경기를 펼쳤던 구기장이다. 무성하게 자란 풀들만 말없이 경기장을 지키고 있다.

조금 더 북쪽으로 걸어 올라가니 높은 기단 위에 세워진 '총독관'

이 있다. 수녀원 건물과 함께 욱스말을 대표하는 건물이다. 푸크 양식의 최고 걸작이라고 알려져 있다. 총독관 건물에서 나무에 둘러싸인 광장을 내려다봤다. 하얗게 퍼지는 햇살, 그 위의 초록빛 바다, 하늘이 그대로 지상으로 쏟아져 내려 나무의 바다를 이룬 이곳에 고대의 문명이 고이 잠들어 있다니. 햇살과 함께 광장을 휘돌고 있는 바람 소리. 건물 안에도 바람 소리로 가득하다.

총독관 건물의 한 작은 방에서 가만히 귀를 기울였다. 어디선가 벌레 기어가는 소리, 뒤이어 새들의 지저귐까지, 드물게 사람 소리까지. 그리고 이구아나가 지나가는 소리.

나무와 햇살과 바람과 풀과 돌, 그리고 이구아나까지 모두 함께 떼를 지어 몰려다니며 마법사의 피라미드 앞에 욱스말의 비탈진 가장자리에 멈춰 선다.

비의 신 차크의 얼굴 앞으로 간다. 다시 얼굴을 만져 본다. 손끝에 멀고 먼 고대의 향기가 전해져 온다. 대기에 강한 전류가 흐르는 듯하다. 검은 이끼가 돌담을 따라 피어오른다. 고대의 죽음과 연결되어 있는 것일까.

비의 신 차크여!
여기 생기에 넘치는 풀들로 화환을 만들어 당신에게 바칩니다.
파랗게 흘러넘치는 무한을 펼쳐 주소서.
무한을 향한 경계를 풀어 주시고,
고독과 느긋한 평온에 잠기도록 하소서.

다시 차크의 얼굴에서 거미줄을 걷어 냈다.

텅 빈 허공에의, 무한에의 어루만짐이다.

서둘러 버스 정거장으로 발걸음을 돌렸다. 정거장에는 어디서 나왔는지 많은 여행객이 줄지어 있다. 대체로 젊은이들이었는데, 지루한지 땅바닥에 널브러져 있다. 한참을 기다려서 메리다 시내로 가는 버스를 탔다. 요금은 70페소(우리 돈으로 4천 원 정도).

시내로 돌아오니 한밤중마냥 어두워졌다. 아침에 한산했던 플라자 그랑데에도 전등 불빛으로 환하고, 제법 사람들로 북적거렸다. 근처의 공원에도 사람들이 많이 몰려 있다. 공연하는 무리도 있고, 가족 단위로 놀러 나온 사람들, 젊은 연인들로 심심치 않았다. 크리스마스 마켓도 열려서 많은 사람으로 즐거운 느낌이다.

메리다 성당 앞으로 가니 성당 벽에 막 빛의 쇼가 펼쳐지고 있었다. 성당 벽에 쏟아지는 빛의 쇼는 환상적이었고, 사람들 속에 섞여서 시간 가는 줄 모르고 지켜보았다. 비의 신 차크는 어디론가 사라지고 엉뚱하게 빛의 쇼에 눈과 귀를 쏟고 있었다.

현재진행형인 고대 도시,
치첸이트사

메리다 시내는 한나절 걷지 않아도 시내의 어디에 뭐가 있는지 다 알 수 있을 정도로 크지 않아서 좀 심심할 듯하지만, 시 근처에 크고 중요한 유적지가 두 곳이어서 사흘을 머물러도 한가하게 보낼 겨를은 없다. 시내에서 남쪽으로 욱스말이 있고, 동쪽으로 좀 더 멀리 나가면 치첸이트사가 있다. 이 유적지 역시 드넓은 밀림에 둘러싸인 멕시코에서 에스파냐 정복 이전 시기의 중요한 유적지다.

유적지 입구에 오니 대형 주차장에 관광버스가 수십 대나 있고, 관광객들도 욱스말과 비교할 수 없을 정도로 많다. 유적지의 입구 자체가 쇼핑몰로 되어 있어 몰 안에 각종 식당이나 기념품 가게 등 편의시설이 있고 사람들도 많아서, 이건 죽은 고대 도시가 아니라 현재도 활발하게 움직이고 있는 활기찬 고대 도시 느낌이다.

유적지 안에도 이런 느낌일까? 이런 기대는 하고 싶지 않은데…, 무거운 마음으로 숲길을 한참 걸어가니 주위를 거만하게 내려다보듯 솟아 있는 9층 테라스로 이루어진 계단 모양의 피라미드가 앞을 가로막는다.

피라미드 앞의 광장을 중심으로 넓게 자리 잡은 들판에 멀리 건축물들이 보인다. 얼마나 넓은지 푸른 잔디 광장에 사람들이 몰려 있어도 멀리서 자그마한 인형으로 보일 뿐, 뜨겁고 하얗게 내리쬐는 강한 햇볕 아래 모든 것은 환상처럼 아지랑이 피어오르듯 아른아른거렸다. 책에서나 보아왔던 그 유명한 치첸이트사에 발을 딛고 서 있으니 그런 환상에 빠질 법도 했다. 치첸이트사의 매력은 마야 문명과 톨테카 두 문명의 만남이라고 한다.

눈에 먼저 들어온 것은 신전 앞에 놓인 차크몰 조각상이다. 비의 신 차크의 조각상이 반은 앉아 있고 반은 누워 있는 모습인데, 제물이 된 사람의 심장을 놓기 위한 얕은 쟁반이 배 위에 놓여 있다. 아른아른한 햇빛 아래 피가 뚝뚝 떨어지는 붉은 심장이 지금도 놓여 있는 듯하다.

눈부신 태양 아래 더위를 먹은 것일까, 아니면 백일몽에 빠진 것일까? 토머스 드 퀸시가 아편을 먹고 여덟 시간이나 바다를 바라보며 꼼짝도 안 했다는데, 혹시 이런 느낌은 아니었을까?

마야와 톨테카 두 문명의 융합으로 인하여 치첸이트사의 미술과 건축·신화에 독특한 양상이 나타났고, 신화는 결국 무서운 여러 종교의식을 낳았다. 그 의식의 하나를 집행했던 샘이 유적지 북쪽 끝에 있다. 신들을 달래려고 심지어 어린아이까지 제물로 던져졌으니…….

치첸이트사(샘 부근 물의 마술사)의 이름에서 알 수 있듯 마야인은 지름 60미터의 샘 부근을 신전 건설 장소로 선택했다. 수심 80미터의 샘에서 사람 뼈, 귀금속 장식품, 의식용 칼 등이 발견되었다. 비의 신 차크를 모셨던 이 샘에서 비가 내리기를 기원하는 기우제가 열렸다.

1885년에 메리다 주재 미국 영사 에드워드 톰프슨이 유카탄반도 북부의 치첸이트사 마야 유적지를 헐값에 구입했다고 한다. 건축물은 어마어마한 밀림에 뒤덮여 보존 상태도 좋았다고 한다. 잠수부까지 고용하여 북쪽 끝의 샘을 조사한 결과 제물의 샘에서 사람 뼈와 황금, 구리, 비취, 흑요석으로 만든 물건과 토기를 발굴했다. 실제로 유적지가 멕시코 정부 관할 아래 들어온 것은 제2차 세계대전 후라고 한다.

치첸이트사에서 발견된 가장 오래된 기록은 879년의 것으로, 마야족의 한 종족인 이트사족이 도시를 건설한 때는 450년경. 그 이후 이곳으로 온 부족은 아나우악 고원에 문명을 이룩한 톨테크족으로, 1000~1200년경에 제2차 도시를 건설했다. 톨테카 문명의 특징인 대규모 건축과 화려한 장식이 특징인 마야 문명 양식이 혼합되어 치첸이트사의 독특한 양식이 생겨났다. 13세기 중반에 쇠퇴기로 접어들면서 도시는 자취를 감추고 폐허가 되었으나 유명한 이름값으로 인하여 순례지로 번성했고, 1533년에 에스파냐 정복자들이 이 지역을 발견했다고 한다.

치첸이트사 유적군 중에서 가장 두드러진 것은 피라미드인데, 에스파냐인은 이것을 엘카스티요, 즉 '성채'라고 하였다. 세심하고 정밀하게 복원된 엘카스티요는 9층의 테라스로 이루어진 계단 모양의 피라미드인데, 꼭대기에 쿠쿨칸 신전이 있다. 이 피라미드는 그 자체가 마야력을 나타낸다. 또한 메소아메리카(멕시코 중부에서 중앙아메리카에 걸쳐 과거 마야 문명과 아즈텍 문명이 번성했던 지역)에 있는 다른 피라미드와 마찬가지로 돌계단은 경사각이 45도의 급경사다. 이로 인해 사람들은 계단을 오를 때 지그재그로 오른다. 이는 신관이 돌계단을 오를 때 밑에 있는 부족들에게 등을 보이지 않도록 하고, 내려올 때는 신에게 등을 보이지 않도록 의도한 것이라고 역사가들은 해석하고 있다.

또 하나 놀라운 일은 북쪽을 향해 지은 피라미드의 북서쪽에서 해마다 춘분과 추분에 일어나는 현상이다. 해가 서쪽으로 지기 직전 테라스 각 단 모서리의 각이 만들어 내는 지그재그 모양의 그림자가 돌계단의 가장자리에 비치고, 이 지그재그 모양은 피라미드의 맨 아래에 있는 뱀 머리 돌기둥과 연결되어 마치 뱀이 돌계단을 내려오는 것처럼 보이는 큰 시각적 효과를 만들어 내는 일이다. 부족장이자 신이었던 '깃털 달린 뱀'이란 뜻의 쿠쿨칸의 움직임을 상징적으로 나타내는 이 현상은 봄의 파종기와 가을의 우기가 끝났음을 알려 주는 것이었다.

풍년을 기원하는 종교의식의 하나로 경기를 펼쳤던 구기장 동쪽에 '두개골의 깃발'을 뜻하는 '트솜판틀리'라는 건축물이 있다. 이 건축물은 산 제물을 바치는 톨테크족의 관습을 상징하는데, 건축물 옆면에 수많은 두개골이 돋을새김으로 새겨져 있다. 이 위에 울타리를 치고 제물로 바쳐진 사람들의 목을 쳤다.

광장 동쪽에는 전사의 신전이 있다. '천 개의 기둥을 가진 신전'이라고도 한다. 신전 정면 아래 60개의 각주가 나란히 서 있는데, 이 각주에 잘 차려입은 전사와 포로의 모습이 돋을새김으로 새겨져 있다. 이 신전은 승전을 축하하는 데 사용되었다고 한다. 이 신전 앞에도 커다란 차크 상이 옅은 웃음을 머금고 제물의 심장을 담았던 얇은 쟁반을 안고 있다.

한낮의 넓은 광장에 하얀 햇볕이 뜨겁게 내리쬐는데, 관광객은 보이지 않고 하얀 옷자락을 끌고 다니는 유령들의 모습만 보인다. 소리 없는 하얀 비명들을 지르고 있다.

백일몽이야, 이건 순전히 뜨거운 햇볕 때문이야.

피를 뚝뚝 흘리는 심장조차 하얗게 보인다.

이건 분명 토머스 드 퀸시가 보았던 환각일 거야.

멕시코에서 생산되는 환각 버섯이 공중을 떠돌며 불러일으키는 환각일지도 몰라.

백일몽에 정신이 어질어질하여 기념품 가게에서 아무것도 사지 못하고 치첸이트사의 피라미드가 새겨진 자석 하나만 겨우 집어 들었다.

점심을 제대로 먹지 못한 탓일까,

넓은 유적지를 정신없이 돌아다닌 탓일까,

차크 신의 위력이 강한 탓일까?

그렇다면

차크 신이여!

멕시코 여행에 축복을 내려 주소서.

칸쿤에서
이슬라 무헤레스로

원래는 마야인들의 고기잡이배나 드나들었던 카리브해의 작은 어촌 마을이었다. 이 한적했던 마을이 어마어마한 휴양 도시로 개발되어 중남미의 허니문 장소로 인기가 높고, 미국인들이 은퇴 후 가장 살고 싶어 하는 곳으로 되었다니, 칸쿤의 유명세는 '꼭 가봐야지' 하는 장소로까지 이름을 날리게 되었다.

'휴양지' 하면 먼저 지루함을 떠올렸던 나였지만 칸쿤의 고급 호텔이 즐비한 해변에 부유한 미국 할머니들이 젊은 멕시칸들과 때늦은 로맨스를 즐긴다는 해외 언론 기사는 호기심을 부추겼다.

늘어선 고급 호텔이 위압감을 주는 큰길에서 호텔 뒤쪽의 길로 들어서니 그곳에는 또 고급 주택들이 멋진 모습을 자랑하고 있다. 집의 외관은 주로 하얀색이고, 집들 하나하나가 너무 예쁘고 개성적이어서 구경하느라 산책길이 전혀 지루하지 않았다. 휴양지의 부자들 별장인 것이다.

버스를 타고 여행자의 거리이자 쇼핑의 거리이기도 한 플라야 델 카르멘으로 갔다. 시원한 대로에 규모가 얼마나 큰지, 아기자기하고 작은 나라에서 사는 나로서는 좀 어리둥절해 모든 게 한눈에 들어오지 않아서 썩 즐겁지는 않다. 관광기념품을 파는 상점에 들어가도 이건 상점이 아니라 우리나라와 비교하자면 학교 교실 네 개 정도를 합해 놓은 강당 같은 느낌, 이렇게 넓은 곳에 물건도 너무 많아서 제대로 고를 수도 없고, 옷가게건 화장품 가게건 모두 강당 같아서 물건을 고를 엄두가 나지 않았다.

그런데 문제인 것은 아이스크림 가게에 들어가 자리를 잡고 앉아 있다가 점원에게 화장실을 물었더니 고장이 나서 사용할 수 없다는 거였다. 아이스크림을 다 먹고 할 수 없이 근처의 찻집에 들어가 차를 주문하고 화장실을 물었더니 그곳에서도 화장실이 고장이 나서 사용할 수 없다고 한다. 이래서야 원!

점원이 수십 명이나 되는 옷가게에 들어가 옷을 이것저것 살펴보다가 점원에게 화장실을 물었더니 직원들이 사용하는 화장실이라고 알려 주는데, 옷가게 구석의 작은 문을 지나 창고같이 물건과 종이 박스가 잔뜩 쌓여 있는 곳을 이리저리 골목처럼 지나가니 직원용 화장실이 있었다. 이쯤되면 여행도 참!

쇼핑할 마음도 사라지고 별로 사고 싶은 것도 없고, 지도를 보니 멀지 않은 거리에 월마트가 있다. 물어물어 주택가를 헤매다가 월마트에 가니 여기도 너무 넓어서 어디에 뭐가 있는지, 뭐가 뭔지 알 수가 없다. 물건 쌓인 곳을 마냥 돌아다니다가 우리나라 라면이 눈에 띄어서 얼른 몇 개 집어 들고 계산대로 갔다. 계산대의 줄은 또 어마어마하게 길다. 나 원 참!

한참 기다려 버스를 타고 숙소로 돌아와 저녁으로 라면을 맛있게 먹은 것은 다행이었다.

다음 날 선착장으로 가 페리를 타고 '여인들의 섬'이라는 의미의 이슬라 무헤레스로 향했다. 죽기 전에 가봐야 할 명소로 꼽히는 카리브해의 아름다운 섬이다. 이름 그대로 휴양지, 언제든지 수영할 수 있고 해변에서 시간을 보낼 수 있는 곳이다.

이슬라 무헤레스의 선착장 주변에는 여행자를 위한 깨끗하고 값싼 숙소가 많아 휴양지에서 마냥 나른하게 시간을 뒹굴뒹굴 보내기에도 적당한 곳이다.

숙소에서도 창문을 여니 그대로 바다가 들어온다. 밖으로 나가지 않고 창문으로 바다만 바라보고 있어도 에메랄드 물빛에 그대로 압도된다. 그렇지만 가방을 침대 위에 던져 놓고 해변을 산책하고 싶은 마음이 급했다. 12월 중순이다. 햇볕은 적당히 뜨겁고 해변의 바람은 적당히 시원하고, 사람들의 옷차림도 가볍고 슬리퍼를 신었는데, 나는 무거운 청바지에 양말에 운동화를 신고 있다. 뭐 어떠랴!

해변에는 대낮인데 술집에 사람들이 몰려 앉아 맥주를 마시고, 음악은 쿵쾅거리고 다들 즐거워 보인다. 가만히 보니 모두 현지인들이다. 유럽인의 피가 섞인 하얀 얼굴의 멕시칸보다는 원주민 인디오의 피가 많이 섞인 검은 피부에 키도 크지 않고 덩치만 큰 멕시칸들이다. 여인들의 몸도 날씬한 여자보다는 살집이 좀 과하다고 할까? 그래도 수영복을 입고 해변을 활보하고 있다.

골목길은 모두 상점가인데, 기념품 가게가 압도적으로 많다. 12월 중순이니 딱히 휴가철은 아닌 모양이다. 사람들이 북적거리지 않고, 조용하고 한적해서 좋다. 골목골목 산책하기에 심심하지 않다. 휴양지답게 집들도 예쁘고, 가게도 아기자기하게 꾸며져 있다. 뒷골목의 좁은 동네도 예쁘게 색을 칠해 햇빛에 반짝거리니 허름하게 보이지 않는다.

채소 가게가 보이면 그냥 지나칠 수가 없다. 토마토, 오이, 감자 모두 너무 반갑다. 저녁거리, 아침거리 머릿속은 늘 먹는 타령인 모양이다. 배낭에 채소를 넣고 무거운 줄 모르고 계속 산책을 했다. 이 골목 저 골목 돌아다니다 보면 꿈결처럼 바다가 나타난다. 그리고 기분 좋게 불어오는 카리브해의 바람.

　이것저것 신경 쓸 일도 없는 한가한 휴양지의 하루하루.

　글쎄, 인생이 늘 이렇게 휴양지의 하루하루라면 마음이 편하고 즐거울 수도 있겠지.

　마을 골목길을 따라 걸어가니 예쁘고 작은 성당이 있다. 성당 안으로 들어가니 뒤편으로 끝없이 바다가 펼쳐져 있다. 이렇게 아름다운 성당이라니!

　성당 안에서 에메랄드빛 바다를 보면서 생각을 한다.

　그래, 이슬라 무헤레스에서 게으르게 휴양지의 시간을 보내고, 칸쿤에는 미련을 두지 말고 바로 쿠바로 가자!

안녕, 아바나!

별로 크지도 않은 공항을 빠져 나와 건물 밖 환전소를 찾아 걸어가니 환전하려는 사람들이 줄을 서 있는데, 너무 길어서 순간 당황했다. 환전소도 달랑 한 군데, 보아하니 일하는 직원도 한 명. 일하는 속도가 느린 것인지 아니면 환전 절차가 복잡한 것인지 정말 모르겠다. 우두커니 서서 좀처럼 줄어들 기미가 보이지 않는 사람들에 답답함을 느끼며 도대체 어디에 눈을 두어야 할지 멍하니 하늘만 쳐다본다. 하늘은 어디나 다 같다.

파란 하늘에 구름 조금.

구름의 표정도 특별히 더 한가할 것도 없이 그냥 무심하다.

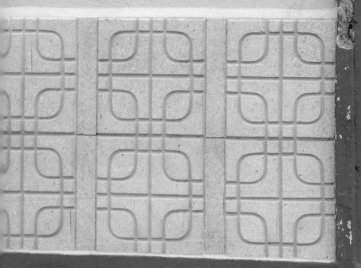

시내로 들어오는 버스 안에서 거리를 바라보니 한 모퉁이 건물 벽에 체 게바라의 커다란 부조가 보여 아바나에 온 것을 실감했다.

아바나를 사랑했던 작가들, 특히 헤밍웨이나 그레이엄 그린의 글, 또는 빔 벤더스의 다큐멘터리 영화 〈부에나 비스타 소셜 클럽〉에서 우리의 마음을 사로잡았던 기타리스트 콤파이 세군도, 보컬리스트 이브라임 페레르, 피아니스트 루벤 곤살레스 등의 열정과 애환의 영향 없이 아바나의 민낯에 부딪히고 싶었다.

예약한 호텔에 도착하니 여기서도 역시 일을 처리하는 데 너무 느리다. 아니 시간이 너무 걸린다. 배정 받은 방을 찾아가는데 단 두 대인 엘리베이터는 놀랄 만큼 작다. 배낭을 메고 혼자 타면 그만이다. 속도는 느릿느릿 언제 오가는지 알 수 없을 정도.

방에 들어가니 낡고 낡은 침대와 시트, 바닥은…, 글쎄 청소가 제대로 되었을까? 페인트칠이 벗겨진 창틀에 창문은 제대로 열 수 없는 상태. 벽을 기어가는 바퀴벌레도 두어 마리 보인다. 가격이 비싸고 싸고 관계없이 좀 너무하다는 생각이 든다.

잠을 제대로 잘 수 있을까? 그래도 아바나야 아바나. 이 모든 허름함과 불편함은 생각하지 말자. 직원에게 수건을 한 장 더 부탁했는데 언제 가져올지 기다리지 말고, 바퀴벌레 신경 쓰지 말고 밖으로 나가자.

그 유명한 말레콘 방파제를 보기 위해 바다 쪽을 향해 걸었다. 작은 공원에 사람들이 모여 있다. 정해진 장소에서만 와이파이 접속이 가능하기 때문에 다들 공원에서 꼼짝 않는다. 누구와 얘기를 나누는 것도 아니고, 열심히 모바일 폰만 들여다보고 있다.

슈퍼마켓이 눈에 띄어 가보니 여기도 줄을 서 있다. 한꺼번에 많은 사람을 들이지 않는 것인지, 시간제한이 있는 것인지 잘 모르겠다. 차례가 되어 안에 들어가니 물건도 거의 없이 몇 개만 놓여 있고, 선반이 대체로 텅 비어 있다. 생수와 사과를 사겠다고 하니 선반 뒤쪽 안으로 들어가 물건을 가지고 나온다. 도난에 몹시 신경을 쓰는 모양이다. 물건들의 품질도 썩 좋아 보이지 않는다. 생수 값도 결코 싸지 않다.

버스 정거장에는 많은 사람이 버스를 기다리고 있는데 대체로 밝은 표정으로, 지쳐 있거나 침울한 얼굴은 아니다. 역시 빛나는 햇살과 카리브해의 파도, 바람 때문일까? 여자들의 옷차림도 밝은 편이고, 가볍지 않은 몸매를 과시하는 듯한 꽉 낀 옷들을 입고 있다.

방파제 가까이 가니 쌩쌩 달리는 차들로 길을 좀체 건너기 힘들 정도의 넓은 차도가 가로막는다. 횡단보도도, 신호등도 없는 도로다. 달리는 자동차 속을 향해 몸을 던져 눈치껏 재빠르게 길을 건너야 한다. 아슬아슬하다.

콘크리트 방파제 끝이 보이지 않는다.
파도가 끝없이 방파제를 들이 친다.
파도가 심할 때는 방파제를 넘어 도로로 바닷물이 넘어온다.
방파제 위에는
젊은이들이 군데군데 걸터앉아 바다를 보고 있다.

멀리 방파제 끝 요새를 향해 걸어갔다. 아바나를 배경으로 한 영
화에서 반드시 등장하는 말레콘. 굉장히 궁금했고 꼭 와보고 싶었는
데, 역시 기대를 저버리지 않았다. 이 말레콘만으로도 아바나는 충

분히 아름답다. 방파제 맞은편에 길 따라 죽 늘어서 있는 건물들은
대체로 표정이 없고 너무 엄숙해서 누가 살고 있을까, 무슨 용도로
쓰이는 건물일까 의구심이 일었다.

카리브해를 가리키며 서 있는 호세 마르띠 동상이 있는 곳을 지나 구시가 쪽으로 길을 건너려고 하니 횡단보도도 없고 참 난감하다. 1950년대 할리우드 영화 속에서 튀어나온 듯한 온갖 밝은색들의 캐딜락이 부르릉거리는 엔진 소리를 내며 마구 달리는 통에 도대체 길을 건널 수 없다. 분홍색, 파랑색, 초록색 등 선명한 색을 뽐내는 캐딜락 위에 앉아 있는 관광객들의 표정은 영화라도 찍는 양 다들 흥분한 모습들이다.

관광객으로 북적이는 거리에서 한국인 중년 부부를 만났다. 아바나를 너무 좋아해 네 번째 방문이라고 하면서 여행 잘하라고 손을 흔들며 지나간다. 글쎄, 나는 두 번이라도 올 수 있을까? 화려한 장식과 긴 회랑을 가진 식민지 시대의 가르시아로르카 극장을 보면서 잠시 부러운 마음이 들었다.

12월, 연말인데 구시가지는 관광객으로 넘쳐났다. 헤밍웨이가 드나들었던 단골 바나 묵었던 호텔은 편하게 구경할 수도 없다. 좁은 골목에서는 지나다니기도 어렵다.

구시가지를 벗어난 골목길에서는 어디나 다름없이 아이들은 삼

삼오오 짝지어 소리를 지르며 놀고…, 어른들의 시름이야 무슨 관계가 있으랴. 건물들은 곧 허물어져 내릴 듯 위태로워 보이고, 빨래가 펄럭이는 난간은 서글픈 표정을 감추지 않았다. 길바닥은 진창에, 더러운 물에 지저분하다. 낡아간다는 것이 무엇인지 더 이상은 확실하게 보여 줄 수 없을 정도의 건물들이 눈앞에서 당당하게 가슴을 열어 보였다. 그 솔직함과 진지함에 더 이상 무슨 말을 할 수 있으랴.

저녁때가 되니 거리를 향해 나 있는 작은 창문을 열고 빵 파는 가게 앞에 기다란 줄이 있다. 저녁거리를 사러 나온 사람들이다. 다들 착하고 순한 얼굴이다. 나도 역시 줄을 서서 차례를 기다렸다. 단돈 천 원도 안 되는 가격에 기다란 바게트를 주었다.

역시 행복은 돈과 관계 없는 것일까?

숙소에서 가까운 음식점에 저녁을 먹으러 갔다. 한두 테이블에만 손님이 있었는데, 식당 안에서 멋진 음악이 울려 퍼졌다. 육감적인 몸매와 화려한 머리 스타일의 흑인 여가수가 노래를 부르고, 한 사람은 기타를 연주를, 또 한 사람은 봉고를 두드렸다. 또 다른 사람은 베이스기타, 노래에 따라 꽁가·마라까까지 흔든다.

바깥에는 어둠이 내려앉고 있었다. 허스키한 슬픈 음색의 그녀 노래는 너무나 훌륭하여 저녁을 먹는 내내 기쁨이 흘러넘치게 해 아바나를 사랑하게 만들었다. 차차차나 룸바의 경쾌한 리듬은 듣는 내내 사람을 흥분시켰다. 타악기의 경쾌한 리듬과 어우러진 허스키한 음색…, 이건 카리브의 영혼인가 아니면 아프리카의 영혼인가. 이래서 다들 쿠바에 낭만적 환상을 갖게 되는 것인가 잠시 생각했다.

아바나에 있는 동안 늘 이 음식점에서 음악과 함께 저녁을 먹었다. 갈 적마다 넉넉한 팁을 줄 수 없는 내 처지였지만 그녀는 늘 반갑게 맞아 주었고, 나를 향해 멋지게 노래를 불러 주었다.

기쁜 마음으로 밤길을 걸어 숙소로 돌아오면 바퀴벌레쯤이야 눈 감아 줄 수 있었다. 눅눅한 바닥이나 침울한 창문도 문제가 되지 않았다.

산타 클라라에서 트리니닷으로

산타 클라라는 작고 조용한 곳이다. 큰 도시도 아니고, 중앙 광장과 그 주변을 돌고 나니 그만이다.

체 게바라 모뉴먼트와 무장 열차를 습격하여 승리한 전투를 기념하는 야외 박물관을 둘러보았는데, 해는 아직 넘어갈 기미도 보이지 않았다. 중앙 광장을 중심으로 이리저리 사방팔방 걷기만 했다. 걸어도 걸어도 그냥 작은 마을, 지붕 낮은 작은 집들만 있다.

채소 가게가 있어서 시들기는 했지만 토마토와 오이를 사 들고 다시 광장으로 돌아오는데 클럽 간판이 눈에 띄었다. 들어가서 음료를 마시며 둘러보니 인테리어가 꽤 현대적이다. 한쪽에는 넓은 공간이 있어서 물어보니 밤에는 춤을 출 수 있는 곳이라고 한다. 중앙공원 옆 레스토랑에서 밤이면 할아버지 밴드가 멋진 재즈 연주를 한다고 했는데, 이곳은 춤을 출 수 있는 클럽이라고 하니 밤이 되기도 전에 마음은 벌써 클럽에 앉아 있다. 산타 클라라 시에서 특별히 젊은이들을 위해 낡은 건물을 새롭게 인테리어 하고 개장된 지 1년도 채 되지 않았다고 한다.

아바나와 마찬가지로 어느 상점을 들어가니 초라하고, 특별히 살 만한 물건도 없다. 쿠바를 기념하는 티셔츠와 자석 몇 개를 사고, 거리를 산책하다가 밤이 되자 클럽으로 갔다.

쿠바는 관광객을 상대로 한 범죄는 중벌에 처하기 때문에 밤에도 비교적 안전하게 다닐 수 있다. 중앙 광장에는 밤인데도 아이들을 데리고 함께 노는 사람들, 데이트하는 젊은이들로 조용하지 않았다. 또 레스토랑에서 연주하는 음악 소리가 광장에까지 쿵쿵 신나게 울려 퍼졌다.

나는 그 음악 소리에도 발을 멈추지 않고 낮에 보아 둔 골목길의 클럽으로 갔다. 낮에 보았던 웨이터가 반갑게 맞아 주었다. 춤을 출 수 있는 공간은 꽤 넓었는데, 몇몇은 바에 있고 대부분의 남자들은 가장자리에 서서 이야기를 하고 있었다. 음악은 요란하고 신나게 울려 퍼지고 있는데 이야기라니, 잘 들리지도 않을 텐데? 조금 이해가 되지 않았지만 한쪽에서 춤을 추는 젊은이를 보고 같이 춤을 추었다. 가만히 보니 영락없는 게이다. 귀여운 모자를 쓰고 옷도 몸에 딱 붙게 입고, 드러난 남자의 몸매도 우람하지 않은 예쁜 몸이었다. 다들 얘기에 열중하고 있었는데, 둘이서 계속 신나게 춤을 추었다. 젊은이가 계속 살사 스텝을 밟아 따라서 하느라고 좀 바쁘긴 했지만 체 게바라의 도시에서 즐거운 시간을 보냈다.

다음 날 산타 클라라에서 버스를
타고 세 시간을 달려 트리니닷에 도
착했다. 자동차가 다닐 수 없을 정
도의 좁은 길로, 돌길은 울퉁불퉁하
고 걷기도 힘든데, 집들은 그림 동
화책에 나올 듯한 작고 작은 비슷한
집들이 마을을 이루고 있다. 배낭을
메고 먼 거리를 걷는 것도 힘들지만
사방으로 뻗어 있는 길에 집들은 다
비슷하고, 표지 삼아 기억해 둘 만
한 건물도 없어서 길을 잃을 수밖에
없는, 그러나 너무 예쁘고 소박하고
다정한 마을이다.

마침 자리 잡은 숙소의 방은 2층인데, 방 앞에 넓은 공간이 있었다. 햇볕은 너무 강렬하게 내리쬐고, 이럴 때 빨래를 안 한다는 것은 말도 안 되는 일. 연일 신나게 노느라 밀려 있는 빨래를 들고나와 깨끗하게 빨아서 넘실거리는 뜨거운 햇볕 아래 널어놓았다.

그리고는 이 골목 저 골목 길을 잃어버릴까 신경 쓰면서 한편으로는 마요르 광장에서 밤마다 열리는 재즈 연주회도 기억해 놓고, 바둑판처럼 짜여 있는 골목길을 계속 걸어 다녔다. 상점이 보이면 들어가서 물건을 구경하고 역시 살 물건은 없구나 확인하고, 채소 가게를 만나면 또 들어가서 토마토·오이·감자를 집어 든다.

상점을 나와 다시 골목길에 접어드니 뜨거운 햇볕 아래 골목길이 하얗게 보인다. 햇볕이 뜨거우니 한낮에 돌아다니는 사람은 결국 관광객뿐이다.

벽에 기대고 선 한 여자가 눈에 띄었다. 검은 머리에 검은 안경을 쓰고 팔짱을 낀 채 서 있다. 관광객일까, 현지인일까? 미인으로 보이지는 않지만 그래도 예쁘장하게 보이며, 몸매도 날씬하다. 누구를 기다리는 것일까? 골목길을 끝까지 걸어갔다가 다시 되돌아서 그녀가 있는 곳으로 왔다. 그녀는 아직도 담벼락에 기대어 뜨거운 햇볕 아래 혼자 서 있다. 관광객이라 특별히 할 일이 없어서 그냥 서 있는 것일까? 그녀가 그냥 햇볕 아래 서 있는 게 마음에 걸린다. 물론 어디 그늘이 있는 것도 아니다. 나도 그냥 햇볕 아래 서 있다. 나는 그녀를 슬쩍슬쩍 보고 있는데, 그녀는 자기를 보는 사람이 아무도 없다고 생각하는 듯하다. 벽에 기대어 얼굴을 하늘로 향하고 있으니 말이다. 여기서 일광욕을 하는 것은 아닐 테고, 필시 누구를 기다리는 것일 텐데…, 무료한 것일까? 기다리는 그 누군가는 왜 오지 않는가. 그녀는 가끔 골목의 이쪽저쪽을 둘러본다. 기다리는 그 누군가가 오는 것을 확인이라도 하는 듯. 고개를 젖히고 하늘을 쳐다보다가 이내 고개를 숙이고 땅을 쳐다본다. 나는 골목 끝까지 걸어갔다가 그녀가 염려되어 다시 되돌아왔다. 그녀는 뭔가 근심이 있는 것일까? 내가 알고 있는 여자들을 닮은 것도 아닌데…….

그녀는 슬픈 것일까?

하얗고 뜨거운 햇볕에 슬픔이 증발되기라도 하는 것일까, 아니면 그녀의 존재 자체를 증발시키려고 하는 것일까?

그녀는 분명 여기에 있다. 나도 역시 트리니닷의 골목길에 분명히 있다. 시간이 상당히 흘렀는데 그녀는 그 골목길을, 벽을 떠날 생각을 하지 않는다. 나는 계속 같은 골목길을 끝까지 걸어갔다가 되돌아오기를 반복하고 있다. 누군가는 오지 않고, 그녀의 옷은 햇볕에 더 뜨거워진 듯하다. 불이 붙을지도 모른다. 나는 괜한 걱정을 하며 밤에 있을 재즈 연주회를 떠올렸다.

아바나의 밤

트리니닷에서 아바나로 돌아와 며칠 지내는 동안 정말 바쁘게 지냈다. 하루 종일 구시가지를 어슬렁거리는 것도 일이다. 거리는 어디서나 음악이 넘쳐났고, 흥겹기 그지없었다. 밴드 공연이 있는 레스토랑에는 낮에도 흥청거렸고, 길거리에는 음악에 맞춰 관광객과 현지인이 함께 춤을 추었다. 그 옆을 지나가는 나도 어깨가 저절로 들썩였다.

가끔은 화려한 복장으로 갖가
지 장식을 한 사람들이 거리를 지
나가며 흥겨운 분위기를 돋우었
다. 뜨거운 태양 아래 한낮의 축
제랄까. 어느 도시에서도 볼 수
없는 활기찬 분위기다. 걸음걸이
도 저절로 가벼워졌다.

식민지 시대의 화려한 건물로 이
어진 시가지를 따라 몇 걸음만 걸어
가면 낡아가는 아파트들이 즐비하
다. 이렇게 허물어지면서 그 안에
그 많은 사람이 살고 있는 광경은
또 어디서도 본 적이 없다. 벽은 색
깔을 잃어버리고 부스러지면서 간
신히 버티고 있다. 기울어지면서도
가까스로 부서진 창문은 나무판자
로 막고, 그 속의 발코니는 어떻게
버티고 있는 것인지…, 이렇게 기이
한 풍경은 어디서도 본 적이 없다.

그 안을 들락거리는 사람들, 동네에서 뛰놀고 있는 아이들 모두 착한 얼굴들이다. 굵게 주름진 노인의 얼굴에도 편안한 너그러움이 보인다. 인도의 그것과는 또 다른 기이한 아름다움이 있다. 무너져 가는 집에서 사는 밝은 표정들, 불행은 나의 고정관념이었을까. 나도 저 속에서 살면 저렇게 편안하고 밝은 얼굴이 될 수 있을까? 그게 가능할까? 희망이 없기에 포기한 것은 아닐까? 포기한다는 것은 그만큼 자유로워지는 것이라고 하지 않았던가. 그래서 그들에게는 삶의 위안과 순간적이나마 달콤함을 맛보게 해 주는 것이 음악이 아니었을까? 밤낮으로 거리에서 울려 퍼지는 음악은 어쩌면 그 모든 것을 잊게 해 주는 진통제, 아니 마약, 환각제 같은 것이 아니었을까? 답이 어디에 있겠는가.

길거리를 돌아다니다가 저녁 다섯 시쯤 되면 빵 가게에서 줄을 서서 빵을 사 호텔로 돌아와 저녁으로 먹고, 여덟 시쯤에는 카페테리아에 가서 흑인 여가수가 부르는 노래를 듣고, 열 시 전에는 재즈 클럽 'zorra y el cuervo(여우와 까마귀)'에 가서 맨 앞에 자리를 잡고 앉아 열두 시 넘어까지 재즈에 흠뻑 빠져들었다. 밤늦게 호텔로 걸어와도 무서울 것은 없었다.

　며칠을 정말 바쁘게 음악에 묻혀 살았다. 재즈 클럽의 연주는 매일 밤 출연자가 달랐고. 연주 솜씨도 다 뛰어난 일급 연주자들이다. 맨 앞에서 땀을 흘리는 모습까지, 호흡하는 모습까지 지켜보며 재즈에 흠뻑 취했다. 술에 취한 것은 아니다. 이태원이나 홍대 앞 재즈 클럽에서 재즈를 듣고 밤늦은 시간에 전철에 흔들리며 총총히 집으로 돌아오던 느낌과는 완전히 달랐다.

구시가지 전체가 1982년도에 세계문화유산으로 지정되었다. 스러져 가는 건물에서 느껴지는 온갖 삶의 흔적과 슬픔, 그 속에 숨어 있는 온갖 이야기들이 시간의 흐름 속에서 퇴색되어 가는 것들이 어떻게 그 광채를 마지막까지 발휘할 수 있는지 이보다 더한 증거가 있을 수 있을까. 그 속에서 사랑을 나누고 가족을 이루며 살아가는 아름다운 사람들.

시가지 한구석에서 현지 남성과 결혼하여 작은 식당을 운영하고 있는 일본 여성의 그 음식 솜씨는 얼마나 좋았던지, 작은 테이블에서 낯선 이들과 어울려 함께 음식을 먹는 맛이란 또 어디에 가서 이런 맛을 느낄 수 있을 것인가.

낮에는 구시가지를 산책하고, 밤에는 배다도에서 재즈 음악에 빠져 지내는 나날들. 허름한 호텔로 돌아가도 늘 즐거웠던 나날들.

하루는 밤늦게 재즈 클럽을 나와 근처 현대적인 큰 호텔 22층에 있는 클럽에 갔다. 열두 시가 넘은 시간이라 한 번의 열기가 지났는지 불이 밝혀진 무대는 비었고, 모두 테이블에 앉아 술을 마시며 쉬는 분위기였다. 음악은 정말 신나고 요란했는데 무대와 그 음악이 너무 아까워서, 곧 떠나야 할 아바나의 밤이 너무 서운하고 아쉬워서, 언제 또 올 수 있을지 전혀 알수 없는 상황이고, 아바나의 밤은 너무 즐거웠으므로 혼자 무대로 뛰어나가 춤을 추었다. 얼마나 즐거운 마음으로 춤을 추었는지…, 컴컴한 테이블 속에서 누군가가 나와 함께 춤을 추고 있었다. 20대로 보이는 젊은 남자였다. 현지인인지 관광객인지 그건 알 수 없다. 곡이 바뀌고 이번에는 30대로 보이는 남자가 나와서 함께 춤을 추었다. 또 곡이 바뀌고, 이번에는 40대로 보이는 남자가 나와서 춤을 추었다. 다시 곡이 바뀌고, 이번에는 세 남자가 모두 함께 나와 같이 춤을 추었다. 그들은 대체로 살사 스텝이었고, 나는 살사를 흉내 내느라, 막춤을 곁들여 추느라 엄청 바빴지만 정말 즐거운 아바나의 밤이었다.

　모두가 모르는 사람들, 언어도 생김새
도 문화도 다른 사람들이었지만 그 순간
만큼은 그곳에, 아바나에 속한 듯한 느
낌이 들었다. 음악은 쿵쾅거렸고, 밤은
더욱 깊어가고, 얼굴에서는 땀이 비 오
듯 쏟아져 눈 속으로 들어와 눈을 뜰 수
없을 지경이었다. 사람들은 왁자하게 소
리를 질렀고, 음악은 완전히 내 몸과 하
나가 되어 정신을 차릴 수 없었다. 아바
나는 이렇게 나를 매혹시켰다.

아, 사랑스럽고 멋진 아바나!
언제 또 갈 수 있을까?

꿈꾸는 배낭

멕시코에서 쿠바까지

초판 1쇄 인쇄 | 2021년 8월 15일
초판 1쇄 발행 | 2021년 8월 30일

글·사진 | 안혜경
펴낸이 | 김남석
기획·홍보 | 김민서
편집부 이사 | 김정옥
편집 디자인 | 최은미

발행처 | ㈜대원사
주　소 | 06342 서울시 강남구 양재대로 55길 37, 302
전　화 | (02)757-6711, 6717~9
팩시밀리 | (02)775-8043
등록번호 | 제3-191호
홈페이지 | http : //www.daewonsa.co.kr

Daewonsa Publishing Co., Ltd
Printed in Korea 2021

ISBN | 978-89-369-2198-9　03980